David Meyer

# Photolyse von CS2 und massenspektrometrischer Nachweis angeregter Schwefelatome mit Hilfe von Laser-Produzierter-Plasma-Strahlung

GRIN Verlag

**Bibliografische Information der Deutschen Nationalbibliothek:**

Die Deutsche Bibliothek verzeichnet diese Publikation in der Deutschen Nationalbibliografie; detaillierte bibliografische Daten sind im Internet über http://dnb.d-nb.de/ abrufbar.



**Impressum:**


Druck und Bindung: Books on Demand GmbH, Norderstedt Germany
ISBN: 978-3-638-95352-8

**Dieses Buch bei GRIN:**

http://www.grin.com/de/e-book/93244/photolyse-von-cs2-und-massenspektrometrischer-nachweis-angeregter-schwefelatome

# Photolyse von $CS_2$ und massenspektrometrischer Nachweis angeregter Schwefelatome mit Hilfe von Laser-Produzierter-Plasma-Strahlung

**David Meyer**

Diese Bachelorarbeit wurde im physikalisch-chemischen Institut der Freien Universität Berlin im Zeitraum vom 13.08. bis 09.10.2007 angefertigt

# Inhaltsverzeichnis

**Kapitel I** **Seite**

**1.** Einleitung ........ **4**

**Kapitel II**

**2.** Theoretische Grundlagen ........ **5**

**2.1** Quantenmechanische Beschreibung von Zuständen ........ **5**
**2.2** Atomare Zustände ........ **5**
**2.3** Molekulare Zustände ........ **8**
**2.4** Kontinuierliche Zustände ........ **11**
**2.5** Photoabsorption ........ **11**
**2.5.1** Direkte Photodissoziation ........ **12**
**2.5.2** Prädissoziation ........ **13**
**2.5.3** Direkte Photoionisation ........ **15**
**2.5.4** Autoionisation ........ **17**
**2.6** Laser induziertes Plasma ........ **18**

**Kapitel III**

**3.** Experimentelle Durchführung ........ **20**

**3.1** Pump-Probe-Experimente ........ **20**
**3.2** Versuchsaufbau ........ **21**
**3.3** Photolyse-Lichtquelle ........ **22**
**3.4** XUV-Lichtquelle ........ **22**

**3.5** Monochromator ... **23**
**3.6** Flugzeit-Massenspektrometer ... **25**
**3.7** Probenadaption ... **26**

**Kapitel IV**

**4.** Ergebnisse ... **27**

**4.1** Auflösungsvermögen des Monochromators ... **27**
**4.2** Photonenfluss ... **27**
**4.3** Photoionisationsmassenspektrometrie an $CS_2$ ... **29**
**4.4** Photolyse von $CS_2$ ... **33**
**4.5** Anregungs-Nachweis-Experimente an $CS_2$ ... **35**
**4.6** Photoionisation von $S(^1D)$ ... **39**

**Kapitel V**

**5.1** Zusammenfassung ... **44**
**5.**2 Literaturverzeichnis ... **46**

# Kapitel I

## Einleitung

Die Photolyse von Molekülen führt in vielen Fällen zu Photoprodukten in angeregten Quantenzuständen.[1] Die Untersuchung der Eigenschaften der Produkte in diesen Zuständen ist zum einen von anwendungsbezogenem Interesse, so im Bereich der Atmosphärenchemie, als auch von grundlagenbezogenem Interesse.[2]

Von grundlagenbezogener Bedeutung sind unter anderem Fragen nach der Photoionisation elektronisch angeregter Zustände. In früheren Untersuchungen an atomarem Singulett-Sauerstoff ($O(^1D)$) konnte gezeigt werden, dass die Photoionisation und Autoionisation dieser Spezies nicht nach dem gleichen Schema abläuft, wie es von atomarem Sauerstoff im elektronischen Grundzustand bekannt ist.[3] Die erfolgreiche Untersuchung der Ionisationsprozesse in elektronisch angeregtem atomarem Sauerstoff legt es nahe, analoge Experimente an weiteren elektronisch angeregten Spezies durchzuführen. Dabei sind insbesondere solche Systeme von Interesse, die mit atomarem Sauerstoff isoelektronisch im Bereich der Valenzschale sind, so dass sich eine vergleichende systematische Studie ergibt. Hierzu gehört neben den Radikalen $CH_2$ und NH auch der elementhomologe Schwefel, zu dessen Photoionisation in elektronisch angeregten Zuständen bisher nur wenige Informationen vorliegen.[4][5] Zum einen interessiert die Frage, ob das bei atomarem Singulett-Sauerstoff beobachtete Photoionisationsverbot in das erste ionische Kontinuum ($^4S$) auch vom atomaren Singulett-Schwefel ($^1D$) befolgt wird. Ferner sollen Autoionisationsphänome durch Ankopplung neutraler Singulett-Rydbergzustände an erlaubte und verbotene Ionisationskontinua untersucht werden. Schließlich ist von Belang, in welchem Ausmaß die bei der Ionisation von Singulett-Sauerstoff beobachtete, intensive Coster-Kronig-Resonanz im Anregungsbereich zwischen 20 und 25 Elektronenvolt auch bei Schwefel gefunden wird.[6]

Zur Untersuchung dieser Fragestellungen existiert im Arbeitskreis Prof. Rühl ein Laborexperiment, das durchstimmbare, gepulste Vakuum-UV-Strahlung mit Flugzeit-Massenspektrometrie kombiniert und es ermöglicht, in Anregungs-Nachweis-Experimenten die Ionisationseffizienz photolytisch erzeugter Zustände massenspektrometrisch zu detektieren.[7] In der vorliegenden Arbeit werden erste Ergebnisse der Untersuchungen zur Photoionisation des elektronisch angeregten Singulett-Schwefels ($S^1D$) vorgestellt und die experimentellen Resultate mit Ergebnissen früherer Messungen an atomarem Singulett-Sauerstoff verglichen.

# Kapitel II

## 2. Theoretische Grundlagen

### 2.1 Quantenmechanische Beschreibung von Zuständen

Der Zustand eines quantenmechanischen Systems wird mit Hilfe einer Wellenfunktion Wellenfunktion (*Zustandsfunktion*) $\Psi$ = (x, t) ausgedrückt.[8] Sie ist eine Lösung der zeitabhängigen Schrödinger-Gleichung und hängt von den Ortskoordinaten $x$ der Teilchen sowie der Zeit $t$ ab.

$$\hat{H}\Psi(x,t) = -i\hbar\frac{\partial}{\partial}t\Psi(x,t) \qquad (2.11)$$

Nun kann man die Wellenfunktion auch als Produkt, bestehend aus einem orts- und einen zeitabhängigen Teil schreiben, wobei E die Gesamtenergie des Systems darstellt.

$$\Psi(x,t) = \Psi(x)e^{\frac{-i}{\hbar}Et} \qquad (2.13)$$

Wenn der zeitabhängige Teil nicht berücksichtigt wird, erhält man die einfacher zu handhabende zeitunabhängige Schrödinger-Gleichung für stationäre Zustände.[9]

Jetzt sind nur noch die Ortskoordinaten für das System ausschlaggebend. Die Form der Gleichung entspricht einer Eigenwertgleichung und $\hat{H}$ kennzeichnet hierbei den Hamilton-Operator.

$$\hat{H}\Psi = E\Psi \qquad (2.14)$$

### 2.2 Atomare Zustände

Für ein Atom mit $N$ Elektronen ist der Hamilton-Operator mit Gleichung 2.21 gegeben. Der Elektronenspin wird bei der hier beschriebenen nicht-relativistischen Quantenmechanik vernachlässigt.

$$\hat{H} = \frac{-\hbar^2}{2m_e}\cdot\sum_{i=1}^{N}\left(\frac{\partial^2}{\partial x_i^2}+\frac{\partial^2}{\partial y_i^2}+\frac{\partial^2}{\partial z_i^2}\right)-\sum_{i=1}^{N}\frac{Ze^2}{4\pi\varepsilon_0 r_i}+\sum_{k>i=1}^{N}\frac{e^2}{4\pi\varepsilon_0 r_{ik}} \qquad (2.21)$$

Der Operator ist zusammengesetzt aus der kinetischen Energie der einzelnen Elektronen, der potentiellen Energie, welche sich aus der Coulombwechselwirkung von Kern und Elektron ergibt, und aus der elektrostatischen Abstoßung der Elektronen untereinander. $Z$ bezeichnet die Kernladungszahl, $\varepsilon_0$ die elektrische Feldkonstante, $e$ die Elementarladung, $r_i$ den Abstand zwischen Kern und Elektron und $r_{ik}$ den Abstand zwischen den Elektronen.[10]

Um zu den stationären Zuständen der Atome zu gelangen gilt es nun, die Energieeigenwerte zum Hamilton-Operator des Systems zu bestimmen. Für Mehrelektronensysteme lässt sich dieses Problem jedoch aufgrund der Elektron-Elektron-Wechselwirkungen nicht exakt analytisch lösen. Neben den Ionen $He^{+}$, $Li^{2+}$, etc. ist das Wasserstoffatom das einzige neutrale Atom, für das die Schrödinger-Gleichung exakt gelöst werden kann. Für alle anderen Atome oder Moleküle gibt es Näherungsverfahren. Man arbeitet mit Hilfe eines ganzen Satzes von wasserstoffähnlichen Einelektronen-Wellenfunktionen um einen beliebigen Gesamtzustand eindeutig charakterisieren zu können.[10]

Für geschlossene Systeme ist dieser Ansatz eine gute Näherung. Die Einelektronen-Wellenfunktionen enthalten Quantenzahlen, durch die sich der Zustand des entsprechenden Elektrons charakterisieren lässt. Es gibt die Hauptquantenzahl $n$, die eine Aussage darüber macht, in welchem Hauptenergieniveau sich das Elektron befindet. Sie kann ganzzahlige Werte wie 1, 2, 3... usw. annehmen. Zu jeder Hauptquantenzahl $n$ gibt es Bahndrehimpulsquantenzahlen $l \leq n-1$. Diese gibt Auskunft über das Unterniveau s, p, d, f… in der sich das Elektron aufhält. Die magnetische Quantenzahl $m_l$ beschreibt die räumliche Orientierung des Elektronen-Bahndrehimpulses. Sie darf betragsmäßig nicht größer sein als die Nebenquantenzahl $l$, kann dafür aber auch negative Werte annehmen. Zusätzlich besitzen die Elektronen noch die Eigenschaft des Spins, die sich durch die Spinquantenzahl s = 1/2 darstellen lässt. Da der Spin einen Drehimpuls darstellt, gehört zu s eine zusätzliche magnetische Spinquantenzahl $m_s$, die die Werte – 1/2 oder + 1/2 annehmen kann. Gemeint ist die Orientierung des Elektronenspins (Eigendrehimpuls). Die Gesamtheit der Einelektronen-Wellenfunktionen ergibt dann bei Beachtung des Pauli-Prinzips die Elektronenkonfiguration des Atoms. Das Pauli-Prinzip sagt aus, dass sich zwei Elektronen eines Atoms in mindestens in einer Quantenzahl zu unterscheiden haben. Daraus folgt das ein Orbital mit den Quantenzahlen $n$ und $l$ mit 2 (2$l$ + 1) Elektronen besetzt werden kann.[11] Für atomaren Schwefel gilt die Elektronenkonfiguration $1s^2 2s^2 2p^6 3s^2 3p^4$. Für offenschalige Systeme muss berücksichtigt werden, dass der Gesamtdrehimpuls nicht Null ist. Die Kopplung der Bahndrehimpulse und der Spindrehimpulse führt zu einem Satz von Gesamtzuständen (Termen), deren Energie sich unterscheidet. Im Falle leichter Atome gilt ein Kopplungsschema, das als

LS-Kopplung bezeichnet wird.[12] In diesem Kopplungsschema koppeln die elektronischen Bahndrehimpulse $l$ in Folge ihrer elektrostatischen Wechselwirkung zu einem Gesamtdrehimpuls L, und analog erfolgt eine Kopplung der Einzelspins s zu einem Gesamtspin S. Schließlich koppeln L und S durch magnetische Wechselwirkung zu einem Gesamtdrehimpuls J (Spin-Bahn-Kopplung), der folgende Werte annehmen kann $J = L+S, L+S-1, ..., |L-S|$.[8]

Die Termsymbole $^{M}L_{J}$ setzen sich zusammen aus der Gesamtdrehimpulsquantenzahl $J$, der Gesamtbahndrehimpulsquantenzahl $L$ und der Multiplizität $M = (2S+1)$. Für die Gesamtbahn-drehimpulsquantenzahl $L$ wird ein Großbuchstabe des Alphabets verwendet. Bei L = 0 wird ein S benutzt, für $L = 1$ ein P, für $L = 2$ ein D, für $L = 3$ ein F und für höhere $L$-Werte fortlaufend im Alphabet für $L = 4$ ein G, für $L = 5$ ein H usw. Die Multiplizität (2S+1) ergibt sich aus dem Gesamtspin, der sich wiederum von den Einzelspins der Elektronen ableitet. Die Gesamtdrehimpulsquantenzahl $J$ steht als Index rechts unten am Termsymbol und wird durch die Kopplung des Gesamtbahndrehimpulses $L$ mit dem Gesamtspin $S$ erhalten. Zu diesem Zweck gibt es 2 wichtige Kopplungsschemata.

Für schwere Atome ermittelt man zunächst den Gesamtdrehimpuls $j$ jedes Elektrons und addiert dann zum Gesamtdrehimpuls $J$. Dieses $jj$-Kopplungsschema stellt eine gute Näherung zur Ermittlung des Gesamtdrehimpulses für alle Elemente der sechsten und siebten Periode dar. Die Russel-Saunders-Kopplung ist eher für die erste und zweite Periode geeignet. Um nun die Termsymbole aus der allgemeinen Elektronenkonfiguration $1s^2 2s^2 2p^6 3s^2 3p^4$ für atomaren Schwefel zu erhalten, berücksichtigt man nur die nicht vollbesetzten Schalen. Sie alleine sind für den Gesamtdrehimpuls und den Gesamtspin verantwortlich.

Damit konzentriert man sich im Falle des atomaren Schwefels auf die 4 Elektronen, die sich im p-Orbital befinden. Elektronen-Löcher verhalten sich dabei ebenso wie Elektronen, so dass eine $p^4$-Konfiguration wie eine $p^2$-Konfiguration behandelt werden kann. Des Weiteren ist für eine bestimmte Elektronenkonfiguration immer der der niedrigste Term, dessen Multiplizität die höchste ist. Dieser Zusammenhang ist auch als Hundsche Regel bekannt. Sollten zwei Terme dieselbe Multiplizität aufweisen, so ist der Term der günstigere, dessen Gesamtbahndrehimpuls L der höchste ist. Falls Zustände mit gleichem L und gleichem S existieren, gilt, dass der energetisch stabilere Term derjenige mit dem kleinsten Gesamtdrehimpuls J ist, aber nur wenn die betrachtete Unterschale weniger als halb besetzt ist, andernfalls ist der Zustand mit dem größten J am stabilsten. Zur Berechnung der Anzahl der Möglichkeiten, wie sich die 2 p-Elektronen auf die $2(2l+1)$ Einelektronenzustände unter

Berücksichtigung des Pauli-Prinzips verteilen können, kann folgende Formel verwendet werden:[12]

$$\frac{(2(2l+1)!)}{(A!(2(2l+1)-A)!)} \qquad (2.22)$$

Hierbei ist $l$ die Drehimpulsquantenzahl des jeweiligen Elektrons und $A$ die Anzahl der zu betrachtenden Elektronen. Es ergibt sich eine Anzahl von 15 Termsymbolen. Diese Termsymbole lassen sich zusammenfassen zu solchen mit gleichem L und gleichem S. Bei Miteinbeziehung der Quantenzahlen $l$ = 1, $m_l$ = –1, 0, 1, und $m_s$ = –½, ½ der beiden Einelektronenwellenfunktionen ergeben sich neun $^3$P-Terme, ein $^1$D-Term, und ein $^1$S-Term. Aufgrund der oben erwähnten Regeln, ergibt sich für den Grundzustand des Schwefelatoms ein $^3P_2$-Term und für den, für uns interessanten ersten angeregten Zustand, ein $^1D_2$-Term. Der energetisch noch höher liegende $^1S_0$-Term, soll in dieser Arbeit nicht von Bedeutung sein.

## 2.3 Molekulare Zustände

Um in der Lage zu sein, Systeme mit mehreren Teilchen beschreiben zu können, benötigt man nicht nur die Beiträge der beteiligten Elektronen, sondern auch die Beiträge der Kerne, um die Energie des Gesamtsystems zu bestimmen. Die Born-Oppenheimer Näherung spielt dabei eine wichtige Rolle. Durch ihre Aussage, die Geschwindigkeit der Elektronen sei im Vergleich zu den viel schwereren Kernen deutlich größer, erlaubt sie eine Trennung beider Anteile. Der Hamilton-Operator setzt sich somit folgendermaßen zusammen.

$$\hat{H}_{Gesamt} = \hat{H}_{Elektr.} + \hat{H}_{Kerne} \qquad (2.31)$$

Zusätzlich zum bereits eingeführten Hamilton-Operator (2.21) muss noch den Energie-Operator der kinetischen Energie der Kerne mit einbeziehen muss, der sich wie folgt ausdrücken lässt:

$$\hat{H}_{Kerne} = \frac{-\hbar^2}{2m_{Kern}} \cdot \sum_{p=1}^{M} \left( \frac{\partial^2}{\partial x_p^2} + \frac{\partial^2}{\partial y_p^2} + \frac{\partial^2}{\partial z_p^2} \right) - \sum_{q>p=1}^{M} \frac{Z_p Z_q e^2}{4\pi\varepsilon_0 r_{pq}} + V_{el} \qquad (2.32)$$

Da man aber bei der Separierung von einer festen Kerngeometrie ausgeht, hängt $\hat{H}_{Gesamt}$ nur noch von den Koordinaten der Elektronen ab und die Lage der Kerne, geht einfach als

Parameter mit in die Gleichung ein. Indem man die Terme für die Coulomb-Wechselwirkung zwischen Kernen und Elektronen und den Term für die Elektron-Elektron-Wechselwirkung zusammenfasst, bildet man ein Mehrzentrenpotential $V_i(x_i, y_i, z_i)$ in dem sich das $i$-Elektron bewegt. Dadurch vereinfacht sich der Hamilton-Operator zu folgender Form:

$$\hat{H}_{Elektr.Mehrz.P.} = \frac{-\hbar^2}{2m_e} \cdot \sum_{i=1}^{N} \left( \frac{\partial^2}{\partial x_i^2} + \frac{\partial^2}{\partial y_i^2} + \frac{\partial^2}{\partial z_i^2} \right) + V_i(x_i, y_i, z_i). \tag{2.33}$$

Die dazugehörige Schrödinger-Gleichung hat wieder die Form einer Eigenwertgleichung und ist bis auf die komplexen Potentiale $V_i$ analog zu Gleichung (2.14) in Kapitel 2.1.

$$\hat{H}_{Elektr.Mehrz.P.} \Psi_m = E_{Elektr.m} \Psi_m \tag{2.34}$$

Durch Näherungsverfahren lassen sich auch hier Lösungen zu der Gleichung finden. Wenn die als Parameter enthaltenen Kernkoordinaten variiert werden, kann man mit dem daraus resultierenden elektrischen Potential $V_{Elektr.}$ in Kombination mit der Kern-Kern-Abstoßung das

$$\sum_{q>p=1}^{M} \frac{Z_p Z_q e^2}{4\pi \varepsilon_0 r_{pq}} \tag{2.35}$$

Gesamtpotential $V_{Kern}$, in dem sich die Kerne bewegen, bestimmen. So erhält man für einen molekularen Zustand am Ende eine Elektronenwellenfunktion mit passender Kernwellenfunktion. Die Gesamtwellenfunktion wird dann letztlich als ein Produkt von Rotations-, Schwingungs- und elektronischer Wellenfunktion geschrieben: [13]

$$\Psi_{Gesamt} = \Psi_{Elektronisch} + \Psi_{Schwingung} + \Psi_{Rotation} \tag{2.36}$$

Für ein zweiatomiges Molekül lässt sich $V_{Kern}$ auch als eine Potentialkurve darstellen, die den elektronischen Zustand beschreibt. Abbildung 1 veranschaulicht diese Potentiale für ein Molekül AB in Abhängigkeit vom Abstand beider Kerne. Die gestrichelte Linie, gegen die beide Zustände bei großen Abständen konvergieren, stellt die Dissoziationsenergie dar.

Stabile Zustände weisen in der Potentialkurve ein Minimum auf. Repulsive also abstoßende oder nicht-bindende Zustände besitzen ein solches Minimum nicht.

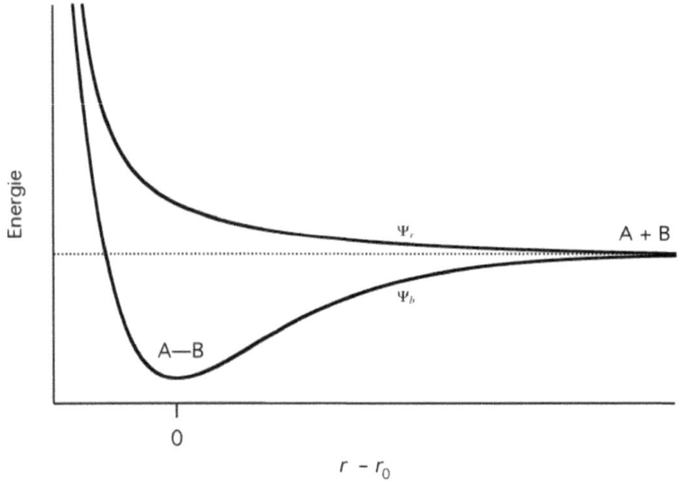


**Abbildung 1**: [21] Potentiale eines zweiatomigen Moleküls AB, $r_0$ = Gleichgewichtsabstand

Das Schwingungsverhalten des Moleküls lässt sich hierbei wie ein klassisch anharmonischer Oszillator beschreiben, weil bei einer Vergrößerung des Atomabstandes die Rückstellkraft schneller abnimmt als die abstoßenden Kräfte bei einer Abstandsverringerung zunehmen.[14] Bei größeren Atomabständen geht die Rückstellkraft gegen Null, so dass eine weitere Vergrößerung des Abstandes keine Zunahme der potentiellen Energie mehr verursacht. Das Molekül dissoziiert dann in Atome. In Abschnitt 2.51 wird dieser Vorgang noch näher beschrieben. Eine Klassifikation elektronischer Molekülzustände erfolgt durch ihre jeweiligen Symmetrieeigenschaften. Der Grundzustand zweiatomiger Moleküle wird mit dem Buchstaben *X* gekennzeichnet, angeregte Zustände mit derselben Multiplizität mit *A, B, C…* etc. und die mit unterschiedlicher Multiplizität mit *a, b, c…* usw.[15]

Für zweiatomige Moleküle gilt: $^{2S+1}\Lambda_{\Omega}$ Für mehratomige Moleküle gilt: $^{2S+1}\Gamma$

$\Lambda$, bzw. $\Gamma$ bezeichnen die Symmetriespezies der elektronischen Wellenfunktion und der Term $(2S + 1)$ gibt wie gehabt die Multiplizität an. Mit dem Zeichen $\Omega$ ist der elektronische Gesamtbahndrehimpuls entlang der Kern-Kern-Verbindungsachse gemeint.[16]

## 2.4 Kontinuierliche Zustände

Kontinuierliche Zustände erhält man entweder durch Dissoziation oder durch Ionisation. Bilden sich aufgrund von Energiezufuhr aus einem Molekül mindestens 2 Atome oder Molekülfragmente, so werden kontinuierliche Spektren beobachtet. Wird einem Atom oder Molekül soviel Energie zugeführt, dass sich ein Elektron aus dem gebunden Zustand löst spricht man von einem Ionisationskontinuum. In beiden Fällen besitzen die generierten Teilchen kinetische Energie. Jenseits des Schwellenwertes für die Dissoziation bzw. Ionisation existieren also viele unendlich dicht zusammen liegende Energiezustände. Es gilt allgemein für die Energie des Gesamtsystems:

$$E = E_{Kin} + E_{Diss} \qquad (2.41)$$

## 2.5 Photoabsorption

Sobald elektromagnetische Strahlungsenergie mit Materie wechselwirkt, wird sie entweder gestreut, reflektiert und/oder *absorbiert*. Die Energie des Lichtquants muss exakt der Energiedifferenz der am Übergang beteiligten Energieniveaus entsprechen, damit es absorbiert werden kann. Ist diese Bedingung erfüllt, kommt es zum Übergang von einem quantenmechanischen Zustand des jeweiligen Systems zu einem anderen Zustand desselben Systems in Form von Absorptions- und Emissionsprozessen. Die Wahrscheinlichkeit für einen solchen Übergang $W_{mn}$ zwischen den Zuständen $\Psi_m$ und $\Psi_n$ mit den Energien $E_m$ und $E_n$ ergibt sich aus folgender Gleichung:

$$W_{mn} = \frac{2\pi}{\hbar} |\langle \Psi_n | \mu | \Psi_m \rangle|^2 \delta(E_n - E_m - h\nu) \qquad (2.51)$$

Die Photonenenergie $h\nu$ und der elektrische Dipoloperator $\mu$ sind hierbei wichtige Größen. Wie zu erkennen ist, nimmt die Wahrscheinlichkeit eines Übergangs erst von Null verschiedene Werte an, wenn die oben genannte Frequenzbedingung annähernd erfüllt ist. Allerdings sind Übergänge nicht willkürlich zwischen allen möglichen Zuständen erlaubt.

Oft ist die Anzahl der erlaubten Übergänge sehr stark eingeschränkt. Genau genommen sind die verbotenen Übergänge zwar auch möglich, jedoch haben diese in der Regel eine so geringe Wahrscheinlichkeit, dass sie vernachlässigt werden können. Welche Übergänge nicht verboten sind, kann mit Hilfe von quantenmechanischen Auswahlregeln abgeleitet werden.

Die Regeln ergeben sich aus der Berechnung des durch Fermis Goldene Regel gegebenen Dipolübergangsmatrixelements aus der oberen Gleichung. Mit der Absorption geht der Grundzustand eines Atoms in einen angeregten Zustand über und die Verteilung der Elektronendichte verändert sich. Je größer dieser Unterschied ist, umso größer ist auch das Übergangsdipolmoment und die Fähigkeit, an die elektromagnetische Strahlung zu koppeln und sie schließlich zu absorbieren. Für die direkte Photoionisation eines angeregten Schwefelatoms, wie in dem hier beschriebenen Experiment, sollten folgende Auswahlregeln beobachtet werden:[17]

- Da das abgegebene Elektron einen Spin von ½ ħ hat, unterscheidet sich der der Spinzustand S des Schwefelions von dem des Schwefelatoms um $\Delta S = \pm \frac{1}{2}$.

- Bei der Absorption eines Photons ändern sich nur die Quantenzahlen *eines* Elektrons, d.h. eine zeitgleiche Anregung und Emission mehrerer Elektronen ist verboten.
- Wenn $l$ die Bahndrehimpulsquantenzahl des emittierten Elektrons ist und $L$ die Gesamtbahndrehimpulsquantenzahl des Kations, dann gilt $\Delta L = \pm 1$.

## 2.5.1 Direkte Photodissoziation

Das absorbierende Molekül kann durch Aufnahme eines Lichtquants dissoziieren. Dabei wird die Anregungsenergie für den Bruch der chemischen Bindung aufgebraucht. Formal lässt sich die direkte Photodissoziation durch die Gleichung

$$AB + h\nu \rightarrow AB^{*} \rightarrow A + B^{*} \tag{2.52}$$

beschreiben. Grundsätzlich gibt es zwei Möglichkeiten die unmittelbar zur Dissoziation eines Moleküls AB führen können. Das Molekül kann aus dem gebundenen Zustand elektronisch entweder in das Dissoziationskontinuum oder in einen repulsiven Zustand angeregt werden, wobei sich eines der beiden entstandenen Fragmente immer in einem elektronisch angeregten Zustand befindet.[6] Die Absorption erfolgt in beiden Fällen nach dem Franck-Condon Prinzip.

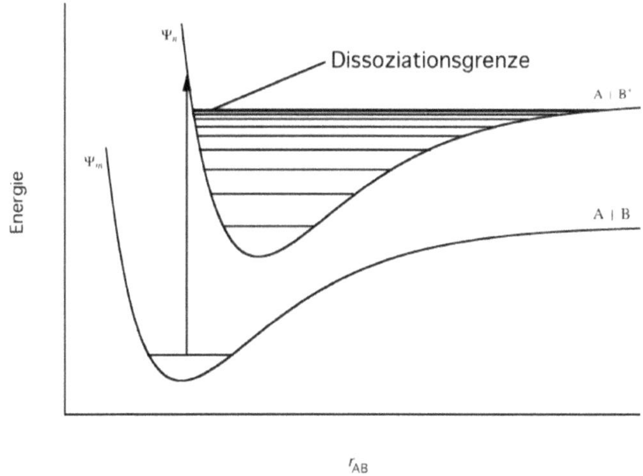


**Abbildung 2:**[6] Direkte Photodissoziation eines Moleküls AB

Vergleichen wir die Geschwindigkeit der Vibration von Atomkernen mit dem Zeitaufwand für die Absorption eines Lichtquants, so zeigt sich, dass die Absorption in $10^{-15}$ s erfolgt, was ca.1% der Zeit für eine Vibration entspricht. Das bedeutet, dass eine Gerade, die die Anfangs- und Endpunkte der Kerne in der oben stehenden Abbildung verbindet, zum Zeitpunkt des Überganges vertikal verlaufen muss, da nach dem Franck-Condon Prinzip die Kerne, wie bei der Born-Oppenheimer Näherung, im Vergleich zum Elektron kaum ihre Lage zueinander verändern. Des Weiteren werden solche Übergänge bevorzugt, die eine schnelle Anpassung der Kernbewegung an das neue Potential ermöglichen, d.h. der wahrscheinlichste Übergang ist der, der die Vibrationswellenfunktion am wenigsten verändert. Die Dissoziation zeigt sich im Spektrum dadurch, dass die Schwingungstrukturen verschwinden und eine kontinuierliche Absorption auftritt.[17a] Kaum zu beachten ist die durch sehr kleine Übergangswahrscheinlichkeiten gekennzeichnete Dissoziationsmöglichkeit des Moleküls in zwei Ionen $A^+$ und $B^-$ zu zerfallen. Dieser Prozess wird als Ionenpaarbildung bezeichnet.

## 2.5.2 Prädissoziation

Der Begriff der Prädissoziation bezeichnet die indirekte Aufspaltung eines Moleküls AB in die Fragmente A und B durch einen Übergang ins Dissoziationskontinuum, ohne das dabei die gesamte Dissoziationsenergie aufgewendet werden muss. Diese Art der Dissoziation kann auch durch Stöße induziert werden, wenn nicht unter stoßfreien Bedingungen gearbeitet wird.

Das Verhältnis Dissoziation zu Prädissoziation hängt größtenteils davon ab, wie viele Atome das zu untersuchende Molekül besitzt. Bei Molekülen mit mehreren Atomen nimmt die Wahrscheinlichkeit eines vorzeitigen Zerfalls immer mehr zu.[18] Entweder entstehen zwei neutrale Fragmente wie in Gleichung (2.53) beschrieben oder eine Ionenpaarbildung findet statt, wie sie Gleichung (2.54) darstellt.

$$AB + h\nu \rightarrow AB^* \rightarrow A + B \tag{2.53}$$

$$AB + h\nu \rightarrow AB^* \rightarrow A^+ + B^- \tag{2.54}$$

In Abbildung 3 ist die Prädissoziation dargestellt. Man erkennt die Potentialkurve $\Psi_k$ des Grundzustandes des Moleküls AB. Durch einen vertikalen Absorptionsübergang wird ein angeregter gebundener Zustand $\Psi_n$ erreicht.

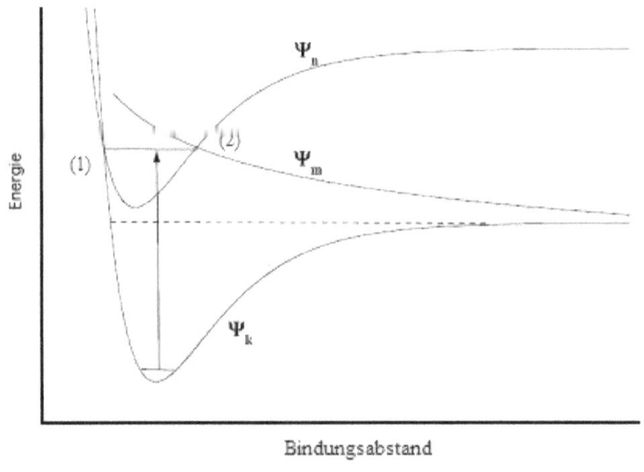


**Abbildung 3:**[9] Darstellung der Prädissoziation mit Hilfe von Potentialkurven

Dieser geht strahlungslos in einen energetisch tiefer liegenden Zustand z. B. $\Psi_k$ oberhalb der Dissoziationsgrenze über (1) oder koppelt an einen repulsiven Zustand $\Psi_m$ (2). Beide Fälle führen zur Dissoziation des Moleküls.

### 2.5.3 Direkte Photoionisation

Bei diesem Prozess überträgt ein Photon seine gesamte Energie $h\nu$ auf ein, sich im Atom mit der Bindungsenergie $E_B$ befindliches, Elektron. Nach dem Absorptionsprozess verlässt das Elektron das Atom mit der kinetischen Energie $E_{Kin} = h\nu - E_B$. Das emittierte Elektron geht in ein Kontinuum über und ein positiv geladenes Ion bleibt im Grundzustand zurück.

$$AB + h\nu \rightarrow A^{+} + e^{-} \tag{2.55}$$

Um diesen photophysikalischen Vorgang auslösen zu können, muss die Energie des generierten Photons größer sein als die Bindungsenergie des Elektrons. Diese Energie, die benötigt wird um Gleichung 2.56 zu erfüllen, nennt man Ionisierungsenergie (IE). Typische Ionisierungsenergien liegen im Bereich einiger eV. Im Falle des hier betrachteten atomaren Schwefels betragen die Energien 10.36 eV für den elektronischen Grundzustand S($^3$P), 9.21 eV für den ersten elektronisch angeregten Zustand S($^1$D) und 7.61 eV für den zweiten elektronisch angeregten Zustand S($^1$S).[5]

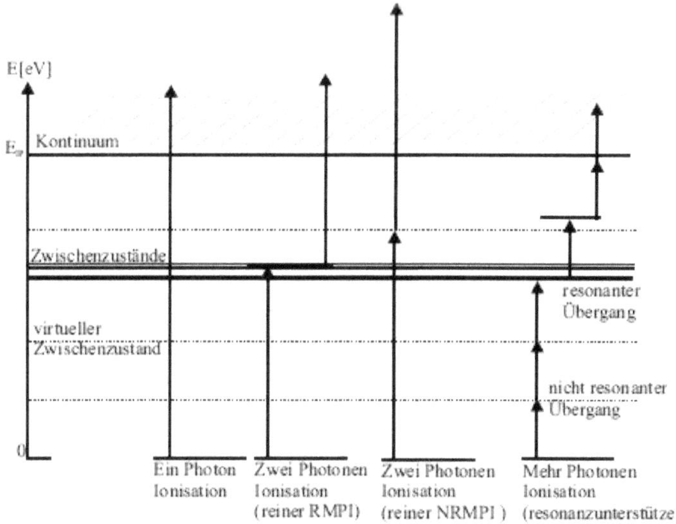


**Abbildung 4**:[18a] Ionisationsprozesse in Abhängigkeit von der Photonenanzahl

Wie in Abbildung 4 dargestellt, laufen abhängig von Wirkungsquerschnitt des zu untersuchenden Atoms oder Moleküls bei der jeweiligen Photonenenergie entweder Ein-, Zwei- oder Mehrphotonenprozesse ab. Ist die Photonenenergie groß genug, um das Atom direkt zu ionisieren und die Photonendichte ist zu gering um Multiphotonenprozesse zu ermöglichen, so spricht man von einer Einphotonen-Ionisation. Werden zur Ionisation mehrere Photonen benötigt, da die Photonenenergie geringer als das Ionisierungspotential ist, kann bei entsprechend großem Zwei- oder Mehrphotonenquerschnitt der Prozess der Multiphotonenionisation (MPI) ablaufen. Mehrphotonenprozesse haben bei kleinen Lichtintensitäten I eine sehr niedrige Übergangswahrscheinlichkeit W.[19]

Bei einem Einphotonenübergang ist W proportional zu I, bei einem Zweiphotonenprozess steigt W mit $I^2$ und bei einem Dreiphotonenprozess mit $I^3$. Die für die Mehrphotonenübergänge benötigten Intensitäten werden durch die Verwendung von Lasern erreicht. Deshalb spielen sie auch für das hier beschriebene Experiment eine Rolle. Im Falle der direkten Photoionisation wird der Wirkungsquerschnitt als Photoionisationsquerschnitt σ bezeichnet und hängt stark von der Photonenenergie ab.[20]

$$\sigma_{mn} = \frac{(4\pi^2 \alpha a_0^2)}{3} h\nu |M|^2 \qquad (2.56)$$

Der Photoionisationsquerschnitt bezüglich des Überganges vom gebundenen Zustand $\Psi_m$ in den ionischen Kontinuumszustand $\Psi_n$, wie in Gleichung (2.55) dargestellt ist, beinhaltet den Bohr'schen Radius $a_0$, die Feinstrukturkonstante α und die Photonenenergie hν.[20] Die Einheit des Querschnittes wird in Megabarn (Mb) ausgedrückt, wobei 1 Mb gleich bedeutend ist mit $10^{-18}$ $cm^2$. Einen wichtigen Folgeprozess der Photoionisaton stellt die ionische Fragmentation dar. Überschreitet die Photonenenergie einen Schwellenwert, so kommt es nicht mehr nur zur Bildung des einfach geladenen Mutterions, sondern es treten mit steigender Photonenenergie zunehmend ionische Fragmente auf. Dieser Prozess kann wie folgt beschrieben werden:[21]

$$AB + h\nu \rightarrow A^+ + B + e^- \qquad (2.57)$$

## 2.5.4 Autoionisation

Als Autoionisation bezeichnet man einen Prozess, der durch Absorption eines Photons zu einem angeregten Neutral-Zustand oberhalb der tiefsten Ionisationsschwelle führt. Dieser diskrete Zustand, der sowohl Valenz- als auch Rydbergcharakter aufweisen kann, ist in der Lage mit dem ionischen Kontinuum zu koppeln.[22] Es entstehen wie bei der direkten Photoionisation ein Elektron im ungebundenen Zustand und ein Kation:

$$A + h\nu \rightarrow A^{*} \rightarrow A^{+} + e^{-} \tag{2.58}$$

Der Prozess wird sowohl bei Atomen als auch bei Molekülen beobachtet. Schematisch ist der Prozess in Abbildung 5 dargestellt:

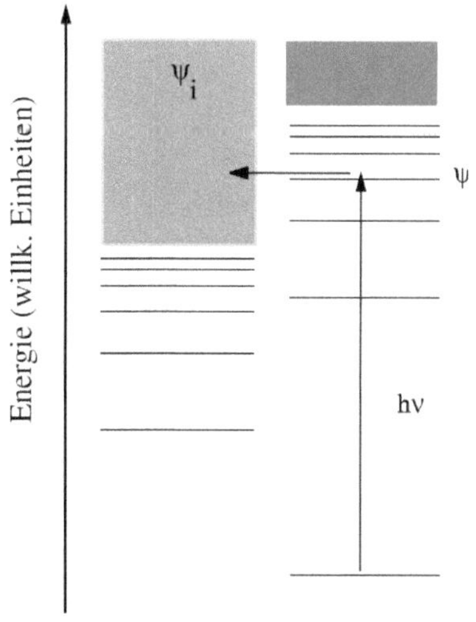


**ABBILDUNG 5:** [23] Schematische Darstellung der Autoionisation.

Durch die Photoionisationsmassenspektrometrie sind Autoionisations-Übergänge als Resonanzen nachweisbar. Für Moleküle ergeben sich die gleichen Auswahlregeln wie bei der Prädissoziation. Bei Atomen gilt zusätzlich $\Delta J = 0$, $\Delta S = 0$, $\Delta L = 0$ und die Parität muss erhalten bleiben.[24]

## 2.6 Laser induziertes Plasma

Laserinduzierte Plasmen (eng. Laser produced plasma (LPP)) wurden bereits in früheren Arbeiten erfolgreich als Strahlungsquelle für die Photoionisationsmassenspektrometrie verwendet.[7][43]

Ein Plasma ist ein teilweise ionisiertes Gas, das zu einem bestimmten Anteil aus frei beweglichen Elektronen und Ionen besteht. Dieser Zustand wird oft als vierter Aggregatszustand bezeichnet.[27] Im Gegensatz zum idealen Gas überwiegen in diesem Zustand jedoch die Wechselwirkungen der angeregten und geladenen Bestandteile, welche im wesentlichen die Eigenschaften des Plasmas bestimmen. Die charakteristischen freien Ladungsträger entstehen in diesem Experiment durch die Einwirkung von Laser-Strahlung auf einen Wolfram-Draht.

Die wichtigsten Kenngrößen von Plasmen sind die Temperatur, die typischerweise in Energieeinheiten angegeben wird, wobei 1 eV einer Temperatur von 11600 K entspricht, die Teilchendichte der elektrisch geladenen Teilchen $n_e$ und die Frequenz des Plasmas $\omega_p$. Die charakteristischen Temperaturen von kalten Plasmen liegen unter $10^5$ K, während heiße Plasmen Temperaturen von über $10^6$ K aufweisen. Die Teilchendichte $n_e$ beträgt in dünnen Plasmen typischerweise weniger als $10^{1}$[illegible] pro $m^3$, wobei sie in dichten Plasmen einen Wert von mehr als $10^{23}$ Teilchen pro $m^3$ erreichen kann. Die Plasmafrequenz stellt ein Maß für die Geschwindigkeit dar, mit der der Ladungsausgleich im Inneren des Plasmas stattfindet (Oszillation der Elektronen) und kann mit folgender Gleichung beschrieben werden:[29]

$$\omega_p = \sqrt{\frac{n_e e^2}{m_e \varepsilon_0}} \tag{2.61}$$

Ein Plasma kann näherungsweise als schwarzer Strahler betrachtet werden und nach der Plank'schen Strahlungsformel ergibt sich folglich die spektrale Strahldichte als Funktion der Frequenz und Temperatur zu:[29]

$$\theta_v(v, T) = \frac{2hv^3}{c^2\left(e^{\frac{hv}{kT}} - 1\right)} \tag{2.62}$$

Aus Gleichung (2.62) wird ersichtlich, dass die Energiedichte $\theta$ mit zunehmender Temperatur ansteigt. Um hohe Strahlungsintensitäten erzeugen zu können, sollte die Temperatur des

Plasmas somit möglichst hoch sein. Dies wird in diesem Experiment durch Fokussierung eines intensiven Laserstrahls der Wellenlänge 1064 nm auf einen Wolfram-Draht erzeugt. Deshalb spricht man von einem *laserproduziertem* Plasma. Die Laserstrahlung dringt zu einem Bruchteil seiner Wellenlänge in die Oberfläche des Metalls ein, was zur Folge hat, dass das Metall lokal stark erhitzt wird und direkt in den gasförmigen Aggregatszustand übergeht. Sobald die Metalldampfkonzentration einen bestimmten Wert überschritten hat, kommt es aufgrund von Stoßionisationsprozessen zu einem exponentiellen Anstieg der Konzentration von freien Ladungsträgern. Die freien Elektronen oszillieren dann im elektrischen Feld mit einer bestimmten Frequenz. Der zweite Prozess, der bei der Erzeugung des Plasmas von Bedeutung ist, ist die Photoionisation der neutralen Atome des Wolfram-Gases. Dies geschieht durch Multiphotonenionisationsprozesse, da die Ionisationsschwelle durch Ein-Photonen-Prozesse nicht erreicht werden kann. Damit dieser Vorgang erfolgreich ablaufen kann, muss die Photonendichte groß genug sein. Dies wird durch die Verwendung einer Fokussierlinse erreicht. Abbildung 6 zeigt, dass die Temperatur des Plasmas etwa $10^4$ K betragen sollte, um ein Maximum in der Energieverteilung im Bereich des VUV (10-30 eV) zu besitzen.

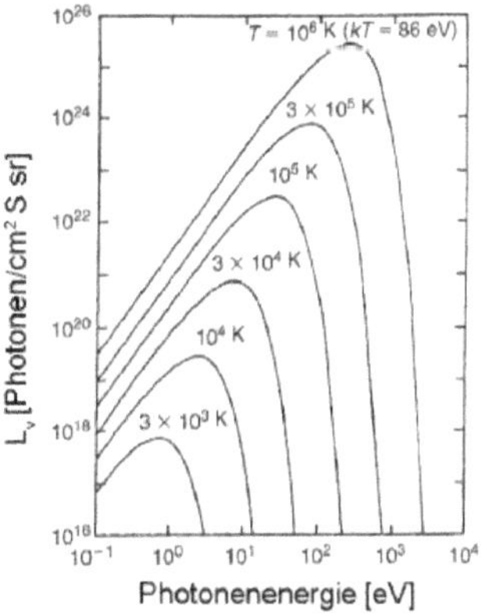


**Abbildung 6:** Spektrale Strahldichten verschiedener Plasmatemperaturen

Es sei erwähnt, dass das Plank'sche Strahlungsgesetz die Emission des Plasmas nicht exakt beschreibt. Das Emissionsspektrum setzt sich aus Beiträgen der Bremsstrahlung (Kollision von Elektronen mit Ionen), der Rekombinationsstrahlung (freies Elektron rekombiniert mit Ion) und der Linienemission (spontane Emission angeregter Atome oder Ionen) zusammen.[28] Im Vergleich zur Kontinuumsemission ist der Anteil an Linienemission zwar eher klein, aber in bestimmten Frequenzbereichen kann die Linienemission hohe Intensitäten verursachen.[31]

# Kapitel III

## 3. Experimentelle Durchführung

### 3.1 Anregungs-Nachweis-Experimente

Die Anregungs-Nachweis-Spektroskopie ist ein geeignetes Mittel zur Untersuchung primärer Photolyseprodukte und elektronische angeregter Atome und Moleküle.[32]

Mittels eines gepulsten Laserstrahls als Photolyse-Lichtquelle, konnten unter stoßfreien Bedingungen die gasförmigen $CS_2$-Moleküle in elektronisch *angeregte* Zustände überführt werden, die anschließend in neutrale Fragmente dissoziierten. Nachfolgend wurden die gebildeten Fragmente mit zeitkorreliertem und durchstimmbarer Vakuum-UV-Strahlung photoionisiert und im Flugzeitmassenspektrometer *nachgewiesen*.

Eine schematische Darstellung des Experiments findet sich in Abbildung 7. Die Zeit zwischen Anregungs- und Nachweis-Puls wurde durch einen externen programmierbaren Pulsgenerator von Wavetek (Modell 271) geregelt. Da die gebildeten Photofragmente aufgrund ihrer kinetischen Energie das Wechselwirkungsvolumen bei Verzögerungszeiten von $t > 1$ µs verlassen, lag die eingestellte Verzögerungszeit in der Regel zwischen den Pulsen bei 250 bis 500 ns. Die Überwachung dieser Zeitstruktur wurde durch die Verwendung von Photodioden bewerkstelligt, die das Streulicht der Laser messen.

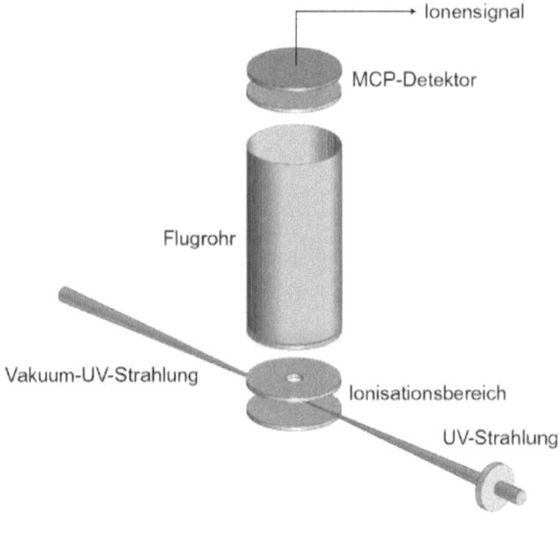


**Abbildung 7:**[9] Schematische Darstellung von Anregungs-Nachweis-Experimenten

## 3.2 Versuchsaufbau

Um einerseits eine Absorption der hochenergetischen Plasmastrahlung zu verhindern und andererseits den Druckbereich des Micro-Channel-Plate-Detektors (MCP) einzuhalten wurde die gesamte Apparatur im Hochvakuum betrieben. Zur Aufrechterhaltung des Vakuums dienten 4 Turbomolekular-Pumpen. In der Plasmakammer (Pfeiffer, TMH 071 P) lag der Druck bedingt durch die Durchführung des Wolframdrahtes typischerweise bei ca. $5*10^{-4}$ bis $5*10^{-5}$ mbar, während im Monochromator (Pfeiffer, TPU 240) ein Druck von ca. $3*10^{-7}$ mbar herrschte. Unter Messbedingungen lag der Druck am Detektor (Pfeiffer, TMH 260 P C) bei ca. $1*10^{-5}$ mbar und im Wechselwirkungsvolumen (Leybold, Turbovac 151 C) um ca. eine Größenordnung höher. Der Restdruck am Detektor ohne Probengas betrug ca. $6*10^{-7}$ mbar. Abbildung 8 gibt einen schematischen Überblick über den apparativen Aufbau:

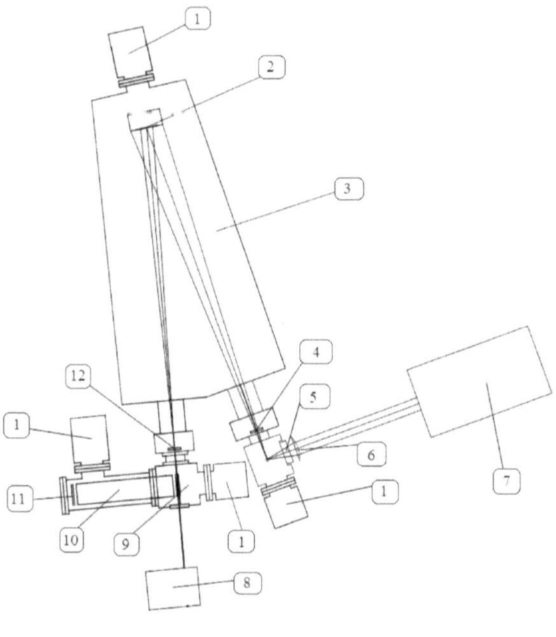


1 Turbomolekularpumpe
2 1200-l/mm Gitter
3 Vakuum-UV-Monochromator
4 Eintrittsspalt des Monochromators
5 Eintrittsfenster zur Plasmaquelle
6 Fokussierlinse
7 Nd:YAG Laser
8 ArF-Excimer-Laser
9 Vakuumrezipient mit Ionenquelle des MS
10 Flugrohr des TOF-MS
11 Ionendetektor
12 Austrittsspalt des Monochromators

**Abbildung 8:**[6] Schema des Versuchsaufbaus

## 3.3 Photolyse-Lichtquelle

Zur Photodissoziation des $CS_2$-Moleküls wurde ein Excimer-Laser (OptexPro, Lambda Physik) mit einer ArF-Gasmischung verwendet, der bei dieser Konfiguration eine Wellenlänge von 193 nm emittiert.

Bei einer Repetitionsfrequenz von 10 Hz und einer Pulsdauer von 10 ns, betrug die Energie pro Puls ca. 10 mJ. Die Wellenlänge von 193 nm entspricht einer Photonenenergie von 6.42 eV. Da bei dieser Photonenenergie bereits zwei Photonen ausreichen, um das zu photolysierende $CS_2$-Molekül zu ionisieren, wurde der Laserpuls mittels zweier Irisblenden abgeschwächt. So konnte ein vollständiger Abbau der Zielmoleküle im Wechselwirkungsvolumen durch Zwei-Photonenionisation eingeschränkt werden. Typische Pulsenergien lagen bei Eintritt in den Vakuum-Rezipienten bei ca. 50 μJ.

## 3.4 XUV-Lichtquelle

Um die durch Photolyse entstandenen Photofragmente zu ionisieren und sie so nachweisbar zu machen, wurde dispergierte Plasmastrahlung verwendet. Zur Erzeugung solcher hochfrequenten elektromagnetischen Strahlung benötigt man Temperaturen von mindestens $3*10^4$ K. Dazu wurde der Laserstrahl eines Nd:YAG Lasers (Spectron Laser System, SL400/SL800) durch eine Linse auf die Oberfläche eines 200 μm dünnen Wolframdrahtes fokussiert. Der Laser wurde bei einer Energie von 500 mJ pro Puls in der Fundamentalen (1064 nm) betrieben und die Pulsdauer betrug 6 ns. Der Wolframdraht wurde mit Hilfe eines Gleichstrommotors durch zwei Teflon-Quetschdichtungen gezogen, um mehrmaligen Beschuss der gleichen Drahtstelle zu verhindern. Bei der Fokussierlinse handelte es sich um eine plankonvexe Linse, bestehend aus synthetischem Quarzglas (Suprasil III). Sie ist oberhalb von 170 nm für elektromagnetische Wellen transparent und besitzt speziell bei 1064 nm eine Brennweite von 100 mm. Ein XYZ-Präzisionstranslator ermöglichte ihre μm-genaue Justierung, um den Laserstrahl mittig auf den Wolfram-Draht zu fokussieren. Für die Bündelung und Ausrichtung der vom Plasma emittierten Strahlung in den Eintrittsspalt des Monochromators, wurde ein ellipsoidaler Reflektor aus Aluminium (a = 150 mm, b = 22 mm, Länge = 120 mm) genutzt. An der Position wo der Strahl des Nd:YAG Lasers den vertikal verlaufenden Wolframdraht traf, befand sich der erste Brennpunkt des Ellipsoids und dadurch, dass der Eintrittsspalt im zweiten Brennpunkt lag, war eine effiziente Nutzung der gesamten Plasmastrahlung gewährleistet.

## 3.5 Monochromator

Zur spektralen Aufspaltung der vom Plasma emittierten hochenergetischen Strahlung wurde ein Normal-Incidence-Monochromator (Model 225 Nova VUV) der Firma McPherson eingesetzt. Das verwendete sphärische Gitter hatte eine Brennweite von 1 Meter, verfügt über eine Liniendichte von 1200 $mm^{-1}$ und ist zur Optimierung der Reflektivität seiner Oberfläche mit einer dünnen Goldschicht überzogen.

Der Winkel zwischen Ein- und Austrittsstrahl betrug 10°, die Wellenlängengenauigkeit kann mit 0.1 nm angegeben werden. Das verwendete 1200-Linien-Gitter war für einen Wellenlängenbereich von ca. 140 bis 40 nm optimiert, entsprechend Photonenenergien zwischen 9 und 30 eV. Da der Fokalpunkt des Gitters mit der Photonenenergie variiert, führt das Gitter zusätzlich zur Kippbewegung um eine vertikale Achse eine Translationsbewegung aus, um die fokussierte Strahlung stets auf die Mitte des Austrittsspaltes abzubilden.

Die Translationsbewegung lässt sich durch einen Rowland-Kreis beschreiben, der schematisch in Abbildung 9 zu sehen ist:

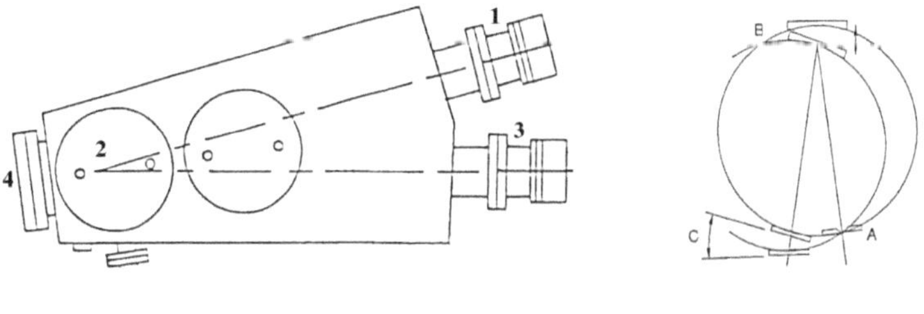


**Abbildung 9:**[33] Links: Monochromatorschema, 1 Eintrittsspalt, 2 Gitterposition, 3 Austrittsspalt, 4 Flansch für Turbomolekularpumpe, Rechts: Rowlandkreis, s. Text

Unter Messbedingungen musste ein Kompromiss zwischen erforderlicher Signalintensität und Auflösungsvermögen gefunden werden. Der Zusammenhang zwischen Spaltbreite und Auflösung ist in Abbildung 10 schematisch dargestellt. Es handelt sich hierbei um eine vereinfachte Darstellung. Spektrallinien sehen für gewöhnlich nicht wie Dreiecke aus.

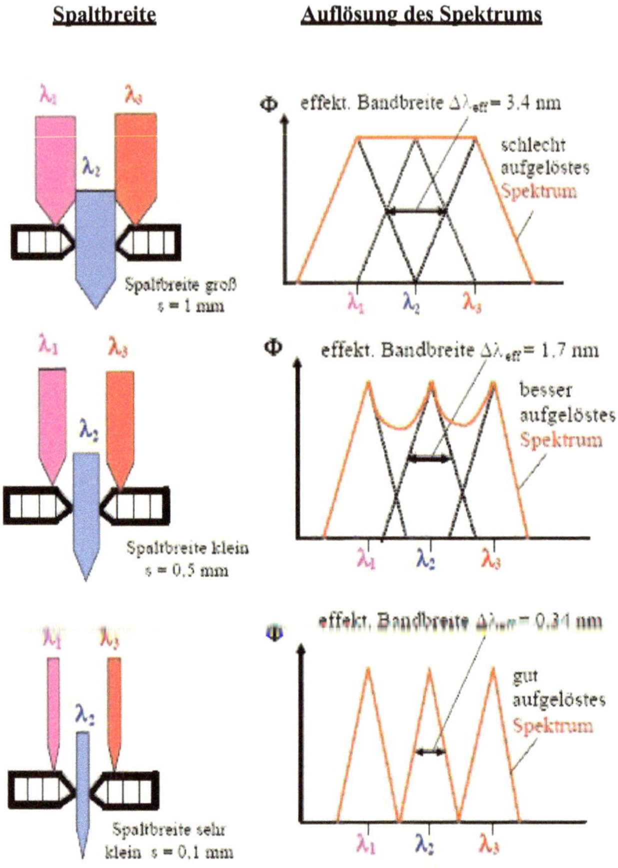


**Abbildung 10:**[34] Zusammenhang zwischen Spaltbreite und Auflösung des Monochromators

Gut zu erkennen ist, dass sich bei einer Verengung des Spaltes die Auflösung verbessert, aber gleichzeitig die Empfindlichkeit deutlich sinkt, weil der Strahlungsfluss abnimmt. Um Nachweis-Signalintensitäten von ausreichender Größe zu erhalten, wurde eine Spaltbreite von 1000 µm gewählt.

## 3.6 Flugzeit-Massenspektrometer

Nachdem die photolytisch gebildeten Fragmente des $CS_2$ durch den zweiten Laserpuls ionisiert wurden, konnten sie mit Hilfe eines Flugzeitmassenspektrometers nachgewiesen werden. Da die erzeugten Kationen nicht das gleiche Verhältnis von Masse zu Ladung aufweisen, erfahren sie auch unterschiedliche Beschleunigungen in einem elektrischen Feld.[16] Dadurch unterscheiden sich ihre Flugzeiten innerhalb einer feldfreien Wegstrecke voneinander und sie können deshalb gut getrennt und analysiert werden. Die leichteren Kationen, in unserem Fall $S^+$, erreichen den Detektor beispielsweise vor dem $CS^+$. Die Massenauflösung wird durch die verschiedenen Entstehungsorte der Ionen und der zum Zeitpunkt der Photoionisation vorliegenden kinetischen Energieverteilung begrenzt.[17] Beide Faktoren führen zu einer Verbreiterung des Massenpeaks und somit zu einer schlechteren Auflösung. Wiley und McLaren schlugen deshalb 1955 einen Aufbau vor, der mit zwei unterschiedlich starken Beschleunigungsfeldern arbeitete.[17a]

Abbildung 11 verdeutlicht das Funktionsprinzip. Wesentliche Merkmale sind die zwei Beschleunigungsstrecken s und d sowie die feldfreie Driftstrecke D. Die exakten Abmessungen dieser einzelnen Bereiche bei den Pump-Probe-Experimenten mit $CS_2$ betrugen s= 10 mm, d = 10 mm und D= 300 mm. Die angelegten Spannungen wurden so gewählt, dass die gebildeten Ionen mit gleicher Masse und Ladung unabhängig von ihrem Entstehungsort, zur selben Zeit auf den Detektor trafen. Während der gesamten Messreihe betrug die Spannung an der unteren Beschleunigungsplatte 300 V ($E_s = 3 \cdot 10^4$ V/m) und am Flugrohr 1900 V ($E_d = 1{,}9 \cdot 10^5$ V/m). Am Detektor lag eine Spannung von 2000 V an, welche mittels eines Spannungsteilers so geteilt wird, dass je MCP ein Potentialdifferenz von 930 V anliegt. Das Auflösungsvermögen des Spektrometers betrug R = m/Δm = 100.

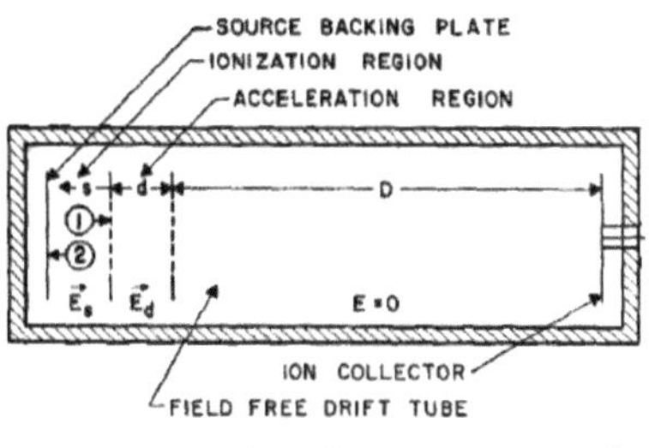


**Abbildung 11:**[35] Prinzipieller Aufbau eines TOF- MS nach Wiley und McLaren

## 3.7 Probenadaption

Als Probe wurde kommerziell erhältliches $CS_2$ (Sigma Alldrich) mit einer Reinheit von 99.6% verwendet. Auf eine weitere Aufreinigung konnte verzichtet werden. Die Adaption erfolgte in einer zugeschmolzenen Glaskapillare mit Erweiterung, die über ein Nadelventil, gefolgt von einem Absperrventil an das Experiment angeschlossen wurde (Abbildung 12). Um gasförmige Verunreinigungen zu beseitigen, wurde mit Stickstoff gekühlt, so dass man das Nadelventil öffnen konnte um die Kapillare im Hochvakuum zu evakuieren. Das feste $CS_2$ blieb somit in der Kapillare und gasförmige Verunreinigungen konnten abgesaugt werden. Das Nadelventil wurde anschließend geschlossen und das $CS_2$ durch das Entfernen des flüssigen Stickstoffs vollständig aufgetaut. Als nächstes wurde erneut gekühlt und der Zyklus noch zweimal wiederholt.

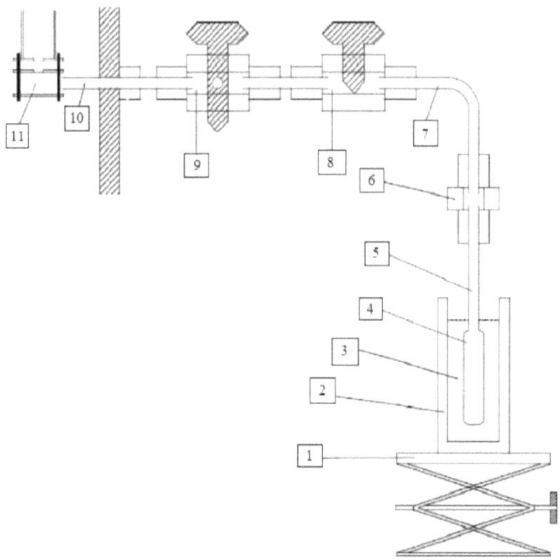


**Abbildung 12**:[21] Schematische Darstellung der Probenadaption an den Vakuum-Rezipienten

| 1. Laborboy | 2. Dewar-Gefäß | 3. Wasser |
|---|---|---|
| 4. Probenbehälter | 5. Glaskapillare | 6. Ultra-Torr-Verbindung |
| 7. Kapillarwinkel aus Glas | 8. Nadelventil | 9. Absperrventil |
| 10. Glaskapillare | 11. Ionenquelle | |

# 4. Ergebnisse

## 4.1 Auflösungsvermögen des Monochromators

Mit Hilfe der linearen Dispersion des Gitters $D_L$ und den Breiten von Eintritts- und Austrittsspalt ($B_E$ und $B_A$) konnte das Auflösungsvermögen $\Delta\lambda$ des Monochromators berechnet werden.

$$\Delta\lambda = D_L (B_E^2 + B_A^2)^{1/2} \tag{4.21}$$

Zunächst musste die lineare Dispersion $D_L$, unter Verwendung der Gitterkonstante (d = 1200 l/mm), des Reflexionswinkels (ß ≈ 0), der Beugungsordnung (n = 1) und des Radius' des Rowlandkreises (r =1 m) bestimmt werden.[36]

$$\frac{1}{D_L} = d \cos\beta \frac{r}{n} \tag{4.21}$$

Daraus ergab sich $D_L$ = 0.83 nm/mm. Bei den von uns gewählten Spaltbreiten von je 1000 µm konnte für das Auflösungsvermögen des Monochromators $\Delta\lambda$ = 1.2 nm berechnet werden.

## 4.2 Photonenfluss

Da die Lichtintensität der Vakuum-UV-Strahlung mit der Photonenenergie variiert, mussten die erhaltenen Spektren auf den Lichtfluss normiert werden. Zur Erstellung der Lichtkurve wurde ein Photomultiplier (Modell C31034, *Products for Research Inc.*) in Verbindung mit einem mit Natriumsalicylat beschichteten Quarzfenster verwendet.

Die VUV-Strahlung regte das Natriumsalicylat zur Fluoreszenz an. Die VUV-Photonen wurden dadurch in den sichtbaren Bereich der elektromagnetischen Strahlung mit dem Maximum der Wellenlängenverteilung bei 420 nm konvertiert und mit dem Photomultiplier detektiert.[37] Die gemessene Lichtkurve, wie sie in Abbildung 13 zu sehen ist, zeigt, dass Strahlung im gesamten untersuchten Energiebereich emittiert wird. Das lokale Maximum liegt bei ca. 15.2 eV. In Richtung höherer Energien nimmt die Intensität ab. Die Ursache für die Abnahme ist hauptsächlich auf das geringere Reflexionsvermögen des Monochromatorgitters oberhalb von 20 eV zurückzuführen. Die Kurve beinhaltet zusätzlich zu dem kontinuierlichen

Untergrund diskrete Strukturen, die auf elektronische Übergänge in den Wolfram-Ionen des verdampfenden Targetmaterials schließen lassen. Die beobachtete Lichtintensität weist für Photonenenergien < 15 eV Beiträge aus der 2. Gitterordnung auf. Diese liegen nach früheren Untersuchungen bei weniger als 10% und entfallen bei Photonenenergien >15 eV völlig, weil die Reflektivität des Gitters für die 2. Gitterordnung ab 30 eV gegen Null geht. Um eine exakte Normierung der Messergebnisse auf den tatsächlichen Photonenfluss zu ermöglichen, wurde die Lichtkurve im Messbereich zwischen 9 und 17.8 eV mit einer der Messung entsprechenden Punktdichte aufgenommen. Das Resultat ist in Abbildung 14 dargestellt.

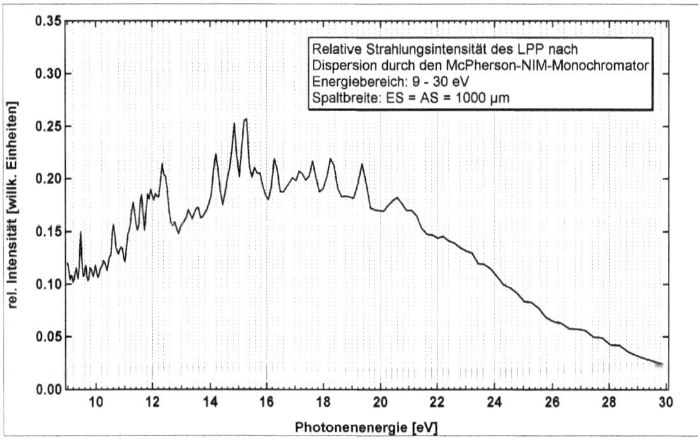


**Abbildung 13:** Lichtfluss der LPP-Quelle im Energiebereich von 9 bis 30 eV.

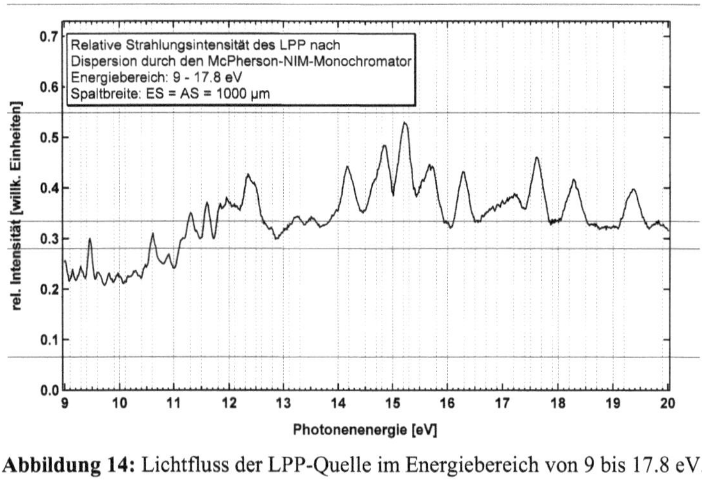


**Abbildung 14:** Lichtfluss der LPP-Quelle im Energiebereich von 9 bis 17.8 eV.

## 4.3 Photoionisationsmassenspektrometrie an $CS_2$

Es wurden Flugzeitmassenspektren von $CS_2$ bei verschiedenen Photonenenergien aufgenommen. Die gemessenen Spektren sind in Abbildung 15 zusammengestellt und geben Aufschluss über die Dissoziationskanäle, die der Photoabsorption folgen. Da die Ionisierungsenergie von $CS_2$ bei 10.08 eV liegt,[38] zeigt das bei 12 eV aufgenommene Massenspektrum erwartungsgemäß das Mutterion $CS_2^+$. Molekularer Stickstoff, der als Restgas im Rezipienten vorhanden war und die aus der ionischen Fragmentation stammenden Schwefelatome liegen bei 16 eV ebenfalls ionisiert vor. $CS_2^+$ und $S_2^+$ erscheinen bei 20 eV im dritten Massenspektrum und im vierten Spektrum bei 25 eV ist zusätzlich ein $C^+$-Peak zu beobachten.

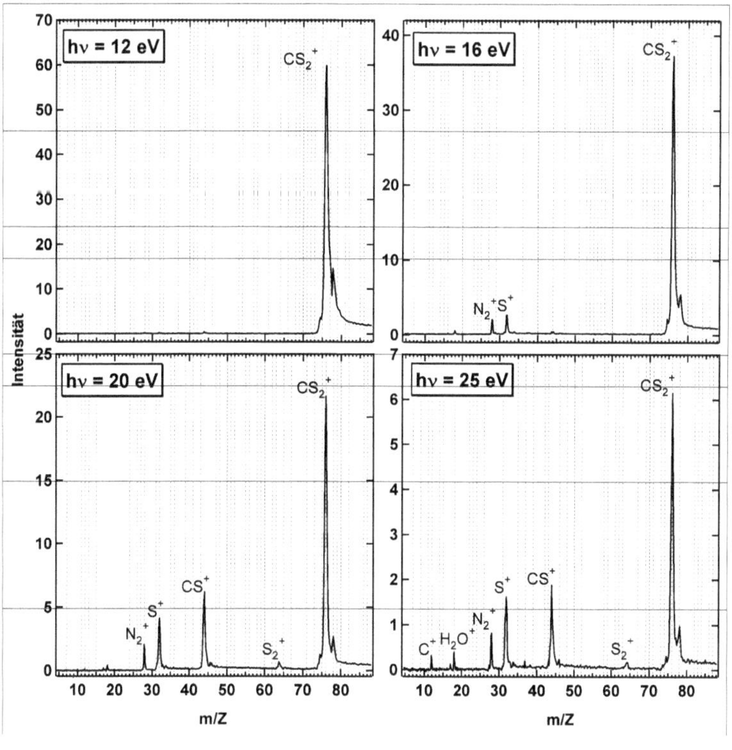


**Abbildung 15:** Massenspektren von $CS_2$ bei unterschiedlichen Photonenenergien.

Mit zunehmender Energie beobachtet man eine Abnahme der $CS_2^+$- Intensität und eine Zunahme der $CS^+$- und $S^+$-Intensitäten, was durch den Prozess der ionischen Fragmentation des $CS_2$ erklärt werden kann. Die in der Literatur angegebenen Auftrittsenergien für die Fragmentionen $S^+$, $CS^+$ und $C^+$ betragen 14.8 eV[39], 15.8 eV[39] und 20 eV[40], wobei die schlechte Bildungseffizienz im Schwellenbereich bei $CS^+$ bzw. $C^+$ dazu führt, dass diese Ionen erst bei höheren Energie detektiert werden können. Die kleinen Signale bei der Masse 34 und die Verbreiterung der anderen schwefelhaltigen Fragmente sind auf das Schwefelisotop $^{34}S$ zurückzuführen, das eine natürliche Häufigkeit von ca. 4% aufweist.[41]

In Abbildung 16 sind die Signalintensitäten der einzelnen Photoionenkanäle gegen die Energie der ionisierenden Plasma-Strahlung aufgetragen. Diese Photoionenausbeutekurven wurden über einen Energiebereich von 9 bis 17.8 eV bei einer Monochromatorspaltbreite von 1000 μm aufgenommen.

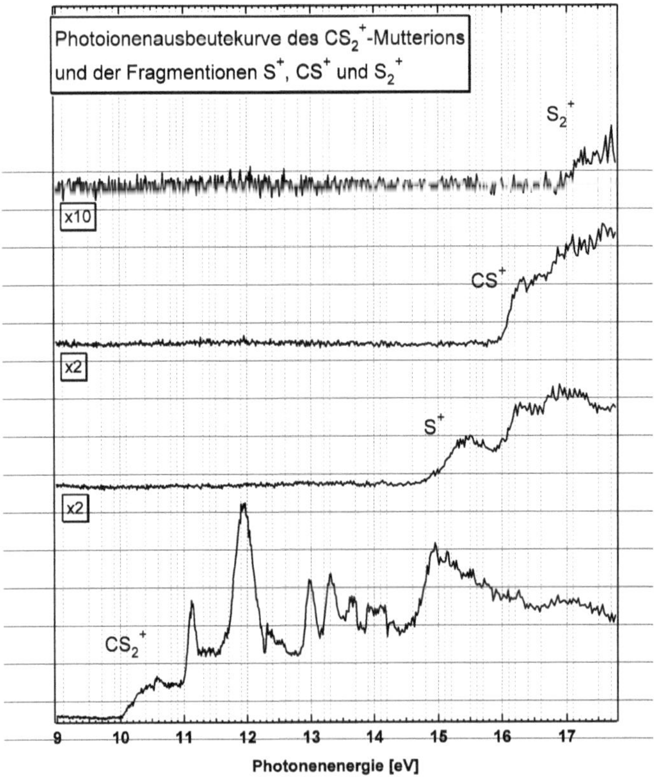


**Abbildung 16:** Photoionenausbeutekurven, jeweils aus 600 Massenspektren ermittelt.

Der Photoionenausbeutekurve von $CS_2^+$ in Abbildung 16 ist eine Ionisierungsenergie von 10.06 eV zu entnehmen, was in sehr guter Übereinstimmung mit dem Literaturwert von 10.08 eV steht.[38] Zusätzlich sind diskrete Resonanzen erkennbar. Die intensivsten Signale liegen bei den Energien 11.1 eV (111.7 nm), 11.9 eV (104.2 nm), 12.9 eV (96.1 nm) und 13.3 eV (93.2 nm). Diese Energien wurden auch von Coppens et al. beobachtet (vgl. Abbildung 17).[39]

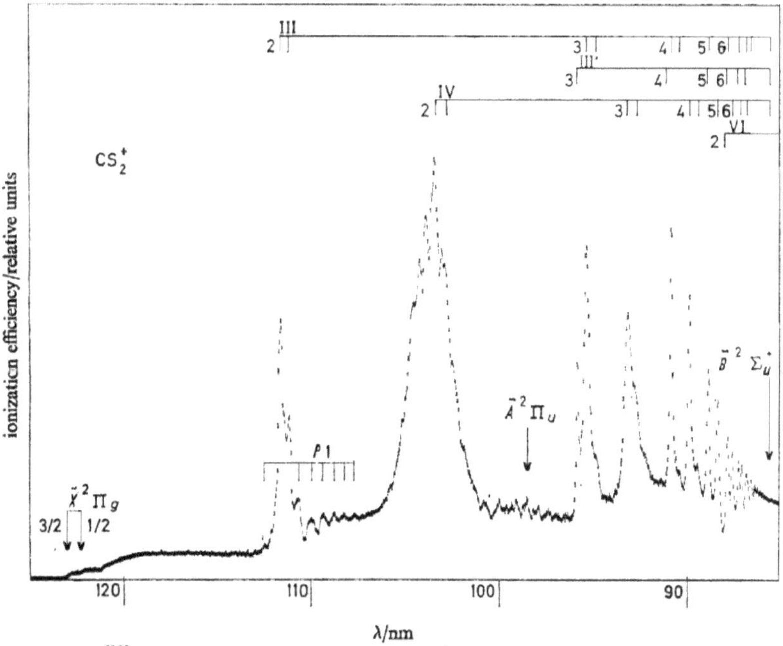


**Abbildung 17**:[39] Photoionenausbeutekurve von $CS_2^+$ im Energiebereich von 85 bis 125 nm

In Abbildung 16 stellt die Photoionenausbeutekurve von $S^+$ den Anteil aus der ionischen Fragmentation von $CS_2$ dar. Dieser Anteil wird später vom Anregungs-Nachweis-Spektrum subtrahiert, um den nur aus der Photolyse stammenden Schwefelanteil zu erhalten. Aus Abbildung 18 ist zu erkennen, dass die gefundenen resonanten Strukturen von $S^+$, sowie die Auftrittsenergie bei 14.81 eV (83.8 nm) ebenfalls mit den in der Literatur angegebenen Werten gut übereinstimmen. [44][39]

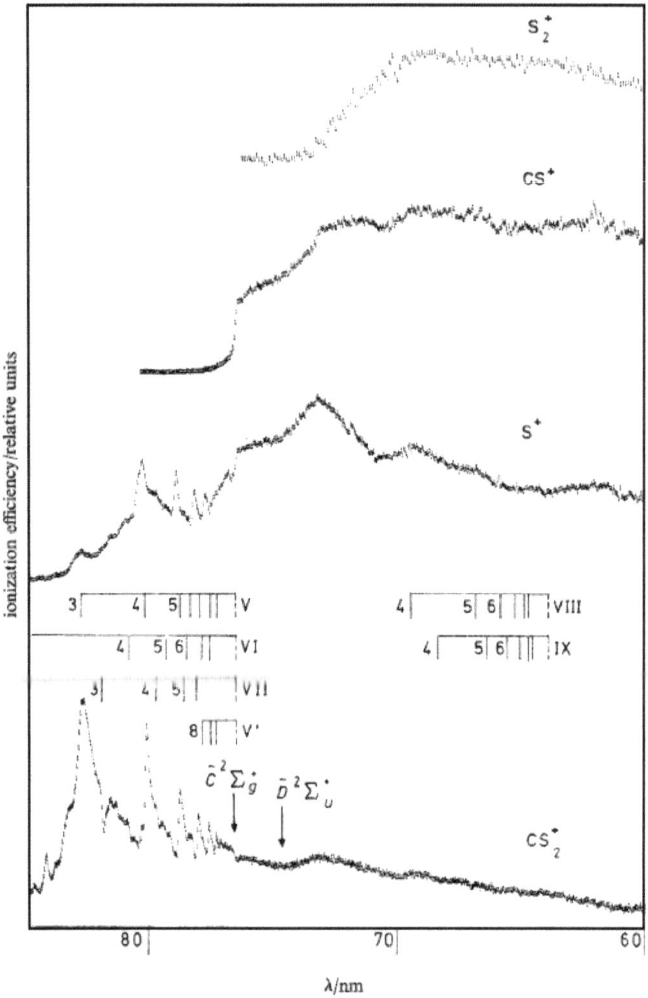


**Abbildung 18**:[39] Photoionenausbeutekurve von $CS_2^+$, $S^+$, $CS^+$ und $S_2^+$

Die Auftrittsenergien für die Fragmentionen $CS^+$ und $S_2^+$ betragen, wie aus Abbildung 16 ersichtlich wird, 15.97 eV (78.52 nm) und 16.94 eV (73.19 nm). Auch diese gefundenen Werte stimmen gut mit denen von Coppens et al. überein.[39]

## 4.4 Photolyse von $CS_2$

Als Quelle für den zu untersuchenden atomaren Schwefel wurde $CS_2$ verwendet. Die Verbindung ist zum einen in ausreichender Reinheit kommerziell erhältlich und kann des Weiteren leicht in die Gasphase überführt werden. Ein weiterer wesentlicher Aspekt war der Absorptionsquerschnitt des $CS_2$ von ca. 288 Mb[45] bei einer Photolysewellenlänge von 193 nm. In Abbildung 19 ist die Wellenlängenabhängigkeit des Absorptionsquerschnittes dargestellt.

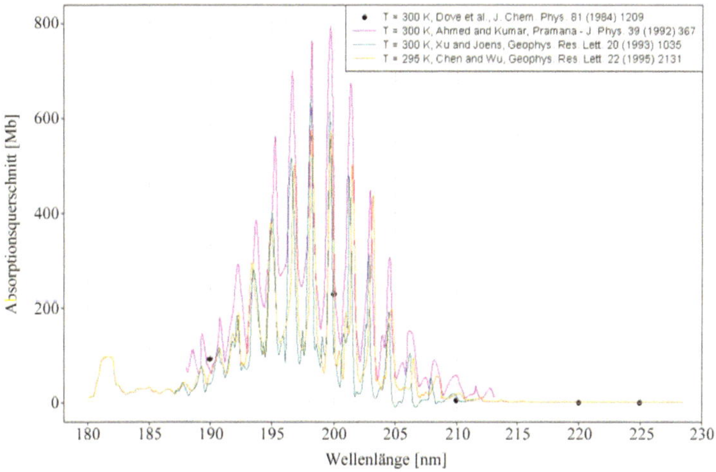


**Abbildung 19**:[56] Wellenlängenabhängigkeit des Absorptionsquerschnittes von $CS_2$

Der neutrale Grundzustand $X^1\Sigma^+_g$ des $CS_2$-Moleküls hat $D_{\infty h}$ Symmetrie und folgende Valenzelektronenkonfiguration: $(5\sigma_g)^2(4\sigma_u)^2(6\sigma_g)^2(5\sigma_u)^2(2\pi_u)^4(2\pi_g)^4$.[46] Infolge einer Anregung des $CS_2$-Moleküls mittels Vakuum-UV-Strahlung von 193 nm, kommt es, wie in Gleichung (4.11) beschrieben, zur Bevölkerung des $^1B_2{}^1\Sigma^-_u$ Zustandes.[47] Dieser weist eine $C_{2v}$ Symmetrie auf, mit einem $\text{Winkel}_{(S\text{-}C\text{-}S)}$ von 153° und einer Rotationskonstante B = 0.1 $cm^{-1}$. Die C-S-Bindungslänge ist im Vergleich zum Grundzustand des $CS_2$-Moleküls um 0.11 Å größer und beträgt 1.66 Å.[48] Nach einer Lebensdauer von $10^{-12}$ s [49] zerfällt der angeregte Zustand durch Prädissoziation.[50] Es entstehen sowohl der Grundzustand ($^3P$), als auch der erste elektronisch angeregte Zustand ($^1D$) des Schwefels. Das Verzweigungsverhältnis zwischen diesen Reaktionskanälen kann durch Messung der kinetischen Energien der

Photofragmente ermittelt werden. Bei einer Anregungswellenlänge von 193 nm ($h\nu$ = 6.42 eV), ist das Verhältnis der Dissoziationskanäle durch $S(^3P)/S(^1D) = 2.8 \pm 0.3$ [51] festgelegt.

$$CS_2(X^1\Sigma_g^+) + h\nu(193\,nm) \rightarrow CS_2(^1B_2{}^1\Sigma_u^-), \tag{4.11}$$

$$CS_2(^1B_2{}^1\Sigma_u^-) \rightarrow CS(^1X\,\Sigma_g^+, v'' < 13) + S(^3P) \tag{4.12}$$

$$\rightarrow CS(^1X\,\Sigma_g^+, v'' < 5) + S(^1D). \tag{4.13}$$

Die Schwellenwerte für die Dissoziation von $CS_2$ sind in der Tabelle 1 aufgeführt.

| Produkte | elektron. Zustand | | Energie [eV] |
|---|---|---|---|
| CS + S | $X^1\Sigma^+$ | $^3P$ | 4,46 |
| | $X^1\Sigma^+$ | $^1D$ | 5,6 |
| | $X^1\Sigma^+$ | $^1S$ | 7,21 |

**Tabelle 1:**[44] Übersicht der Schwellenwerte für die Dissoziation von $CS_2$

Für Ein-Photonen-Prozesse ist bei einer Wellenlänge von 193 nm (6.42 eV) somit die Bildung von höher angeregten Zuständen für das CS-Molekülfragment und das Schwefelatom ausgeschlossen.

## 4.5 Anregungs-Nachweis-Experimente an $CS_2$

Es wurden nacheinander ein Massenspektrum von $CS_2$ mit dem Nachweispuls bei 10.7 eV, ein Anregungs-Nachweis-Spektrum und ein Anregungsspektrum bei einer Wellenlänge von 193 nm aufgenommen. Im Nachweisspektrum bei 10.7 eV in Abbildung 20 (A) ist neben dem Mutterion bei einer Flugzeit von 4.65 μs lediglich ein zu vernachlässigender Anteil an Fragmentionen aus 2. Gitterordnung zu beobachten. Das Anregungs-Nachweis-Spektrum B der Abbildung 20 weist zusätzlich zu den Signalen aus der Photoionisation Signale auf, die durch Multiphotonenionisation des Anregungslasers entstehen. Diese erscheinen entsprechend der zeitlichen Verzögerung zwischen Anregungs- und Nachweispuls 400 ns zu kürzeren Flugzeiten verschoben. Des Weiteren nimmt die Signalintensität des Mutterions stark ab und das entstandene Signal bei t = 2.5 μs weist auf die Bildung atomaren Schwefels durch die Dissoziation des $CS_2$ hin. Das Anregungsspektrum in Abbildung 20 (C) zeigt Massensignale, die dem Mutterion $CS_2^+$ und den Fragmenten $S^+$ und $CS^+$ entsprechen. Diese kommen durch Multiphotonenionisation zustande und wurden zur Bildung des Differenzspektrums (D) subtrahiert. Das Spektrum (D) ergibt sich aus der Differenz von (B) und (C). Hier werden nur noch Signale beobachtet, die allein durch Photolyse beeinflusst wurden. Dabei musste darauf geachtet werden, dass bei der Subtraktion der Spektren das Signal des Mutterions $CS_2^+$ vollständig verschwindet. Damit ist gewährleistet, dass eine Zunahme auf den Photolysekanälen als positives Signal im Differenzspektrum auftritt. Bei einer Photonenenergie von 10.7 eV (D) ist eindeutig ein Photolyse-Effekt zu beobachten. Bei 10.25 eV (E) jedoch wird kein Photolyse-Einfluss erkennbar. Dies kann als Nachweis gelten, dass es sich bei dem zusätzlichen Beitrag um atomaren Schwefel handelt, da laut Literatur bei einer Photonenenergie von 10.7 eV ein autoionisierender Rydberg-Zustand von $S(^1D)$ vorliegt.[5]

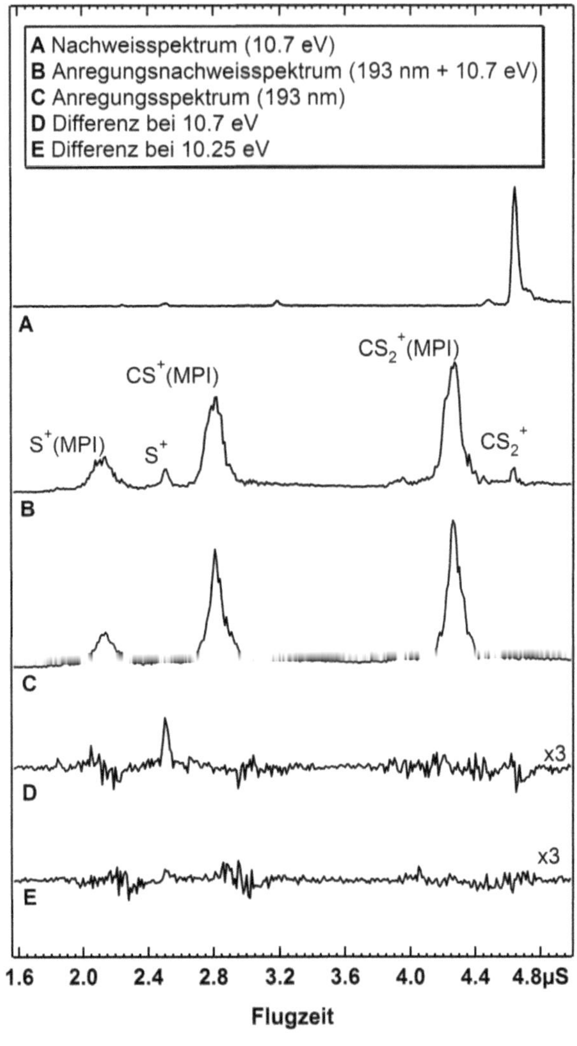


**Abbildung 20:**

Photoionisationsmassenspektren von $CS_2$ unter verschiedenen Anregungsbedingungen.

**(A)** nur Nachweispuls mit 10.7 eV **(B)** Anregungspuls mit 193 nm + Nachweispuls mit 10.7 eV bei 400 ns Verzögerung **(C)** nur Anregungspuls mit 6.42 eV **(D)** Differenzspektrum (B)-(C) bei 10.7 eV **(E)** Differenzspektrum bei 10.25 eV

Die Anregungs-Nachweis-Spektren werden im Photonenenergie bereich von 9 – 17.8 eV aufgenommen. Durch Integration über das Massensignal bei m/z = 32 erhält man die Photoionenausbeute des photolytisch gebildeten atomaren Schwefels. Außerdem ist ein Beitrag aus der ionischen Fragmentation von $CS_2$ im $S^+$ Kanal enthalten. Dieser Anteil wird mit Hilfe der Ionenausbeutekurve aus Abbildung 17 abgezogen und das Ergebnis auf den Lichtfluß (vgl. Kap. 4.2) normiert. Das Ergebnis ist in Abbildung 21 zu sehen. Die beobachtbaren Resonanzen im unteren Enegiebereich werden im nächsten Abschnitt diskutiert. Als Ursache für die Zunahme im oberen Energiebereich mit dem Maximum bei einer Photonenenergie von 16.9 eV könnte hier der Einfluß einer Inner-Valenzschalen-Anregung (Coster-Kronig-Resonanz) diskutiert werden, wie sie im Falle des isovalenzelektronischen Singulett-Sauerstoff $O(^1D)$ beobachtet wurde.[6] Es können jedoch auch Anteile aus der ionischen Fragmentation von photolytisch gebildetem CS eine Rolle spielen. Dies soll Gegenstand weiterer Untersuchungen sein und wird in der vorliegenden Arbeit nicht näher betrachtet.

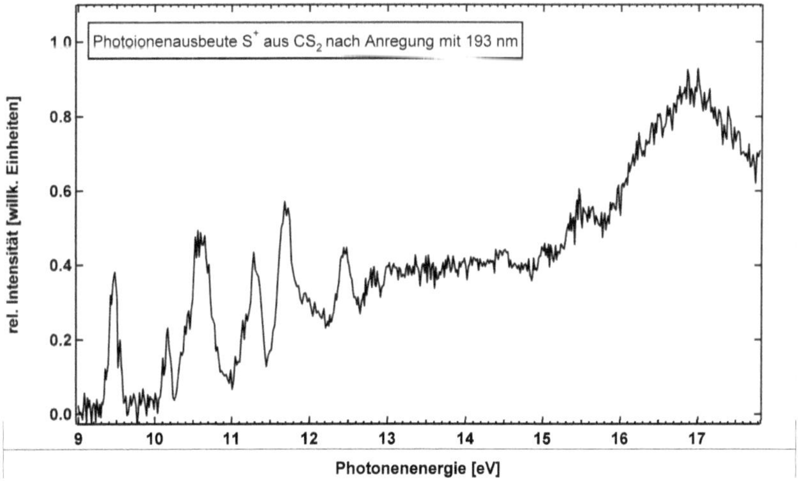


**Abbildung 21:** Photoionenausbeutekurve des $S^+$ auf Lichtfluß normiert

Um zu gewährleisten, dass das Schwefelsignal keine Anteile enthält, die aus der ionischen Fragmentation des Restgases stammen, wurde die $CS_2$-Zufuhr gestoppt und Anregungs-Nachweis-Spektren über den Energiebereich der Resonanz von 9.25 – 9.65 eV aufgenommen. Anschließend wurden unter normalen Versuchsbedingungen und offener $CS_2$-Zufuhr zwei weitere Messungen bei unterschiedlichem Probendruck durchgeführt. Die Ergebnisse sind in Abbildung 22 aufgetragen.

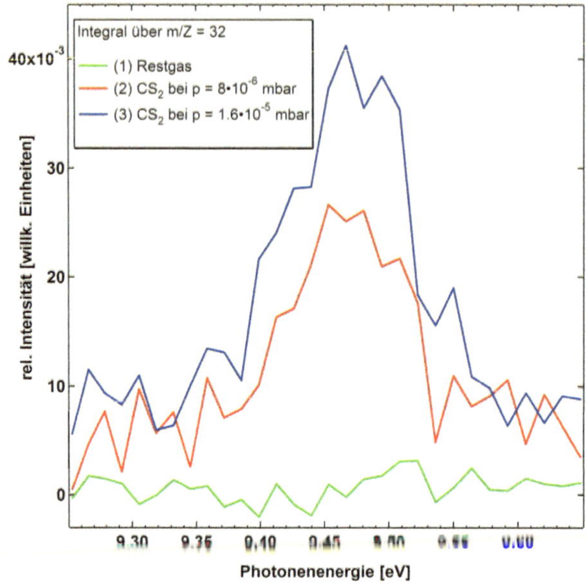


**Abbildung 22:** Anregungs-Nachweis-Spektren: (1) Restgas-Spektrum, (2) $CS_2$-Zufuhr offen, Druck $8*10^{-6}$ mbar, (3) $CS_2$-Zufuhr offen, Druck $1.6*10^{-5}$ mbar .

Daraus wird ersichtlich, dass die Zunahme des $S^+$-Kanals unter photolytischen Bedingungen aus dem $CS_2$-Molekül stammen muss, weil keinerlei Signalintensität im Spektrum Nr. (1) zu verzeichnen ist.

## 4.6 Photoionisation von $S(^1D)$

Die Elektronenkonfiguration $1s^22s^22p^63s^23p^4$ des atomaren Schwefels erzeugt den Grundzustandsterm $^3P_{2,1,0}$ sowie die beiden metastabilen angeregten Zustände $^1D_2$ und $^1S_0$.[50] Die Elektronenkonfiguration des Schwefel-Ions lautet $1s^22s^22p^63s^23p^3$ und spaltet ebenso in drei Terme auf. Diese sind in Reihenfolge ansteigender Energie $^4S°$, $^2D°$ und $^2P°$. Der für diese Arbeit relevante atomare Schwefel im elektronisch angeregten Zustand $^1D$, der durch die Photolyse entsteht, ist ein metastabiler Zustand mit einer Lebensdauer von 2 µs.[52] Die hohe Lebensdauer resultiert aus dem Umstand, dass der Übergang von $S(^1D)$ in den Grundzustand $S(^3P)$ optisch verboten ist. In Abbildung 23 sind die Energie-Level wichtiger Zustände von Schwefel und des Schwefel-Ions in einem Diagramm dargestellt.[54]

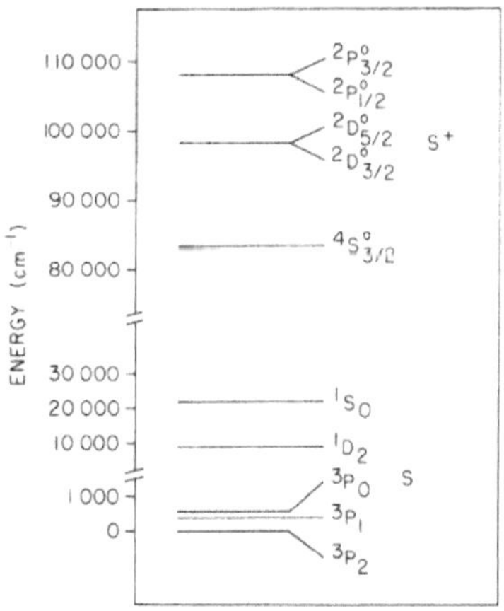


**Abbildung 23:**[54] Energie-Diagramm relevanter elektronischer Zustände von S und $S^+$

Die theoretisch möglichen elektronischen Übergänge von $S(^1D)$ im Energiebereich von 9 – 17.8 eV sind in der Abbildung 24 in einem Grotrian-Diagramm veranschaulicht.[55] Viele der dort eingezeichneten Übergängen besitzen allerdings eine so geringe Übergangswahrscheinlichkeit, dass sie nicht beobachtet werden konnten, da ihre Intensität zu gering ist.

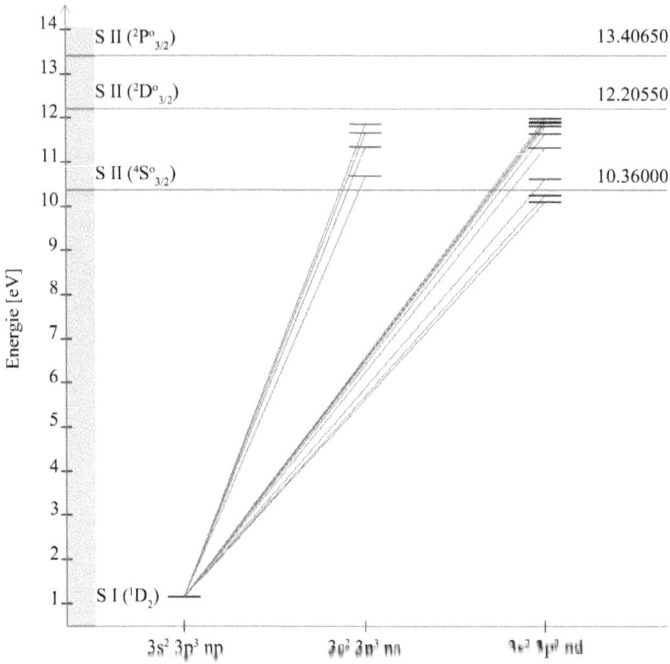


**Abbildung 24:**[55] Mögliche elektronische Übergänge des S($^1$D).

Nach Gleichung (4.12) setzt sich der in den experimentellen Arbeiten photolytisch gebildete atomare Schwefel aus den elektronischen Zuständen S($^3$P) und S($^1$D) im Verhältnis 2.8:1 zusammen. Um die reine Photoionenausbeute von S($^1$D) erhalten zu können, muss der Anteil aus S($^3$P) subtrahiert werden. Die Photoionenausbeute von S($^3$P) im Energiebereich von 10.3 – 13.4 eV wurde aus einem von Gibson et al. (siehe Abbildung 25) aufgenommenen Spektrum entnommen. [53]

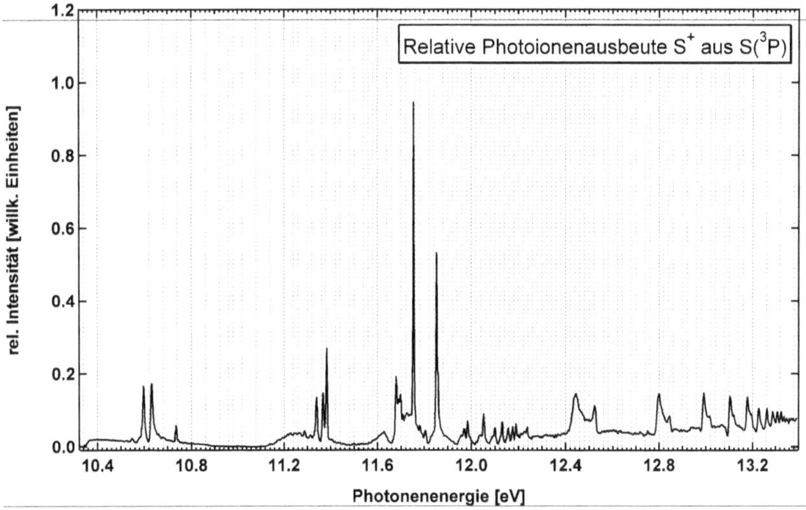


**Abbildung 25**: Relative Photoionenausbeute $S^+$ aus $S(^3P)$ von Gibson et al..[53]

Dieses Spektrum wurde mittels einer Gaußverbreiterung an die in den experimentellen Arbeiten gegebenen Auflösungseigenschaften angepasst. Die Subtraktion der Spektren gestaltete sich schwierig, da die Energie einzelner Resonanzen nicht mit den Energien der Messergebnisse übereinstimmte. Andere Resonanzen wiederum stimmten in ihrer energetischen Lage sehr gut überein. Aus diesem Grunde konnte nur im Bereich unterhalb der ersten Ionisationsschwelle von $S(^3P)$, welche bei 10.36 eV liegt (siehe Tabelle 3), eine exakte Zuordnung der $S(^1D)$-Autoionisationsresonanzen vorgenommen werden. Oberhalb von 10.36 eV wurde diese Zuordnung erschwert, da sich Autoionisationsresonanzen von sowohl $S(^1D)$-, als auch $S(^3P)$ überlagern.

| Spezies | IE [eV] |
|---|---|
| $^3P$ | 10.36 |
| $^1D$ | 9.21 |
| $^1S$ | 7.61 |

**Tabelle 3:**[5] Ionisierungsenergien elektronischer Zustände des atomaren Schwefels

Atomarer Schwefel im Grundzustand S($^3$P) kann aufgrund der Auswahlregeln für die Photoionisation in das $^4$S$^o$ Kontinuum angeregt werden, so dass hier die direkte Photoionisation in dieses Kontinuum durch ein Photon mit hν > 10.3 eV beobachtet werden kann. Optische Übergänge des S($^1$D) in das $^4$S$^o_1$ Kontinuum sind hingegen Spin-verboten ($\Delta S \neq 0$) und können somit nicht beobachtet werden. Es können allerdings autoionisierende Singulett-Rydberg-Zustände energetisch unterhalb der Schwelle für die direkte Photoionisation in das $^2$D-Kontinuum gefunden werden. In Abbildung 26 wurden den Signalen verschiedene Rydbergserien für S($^1$D), schwarz dargestellt, und S($^3$P), rot dargestellt, zugeordnet.

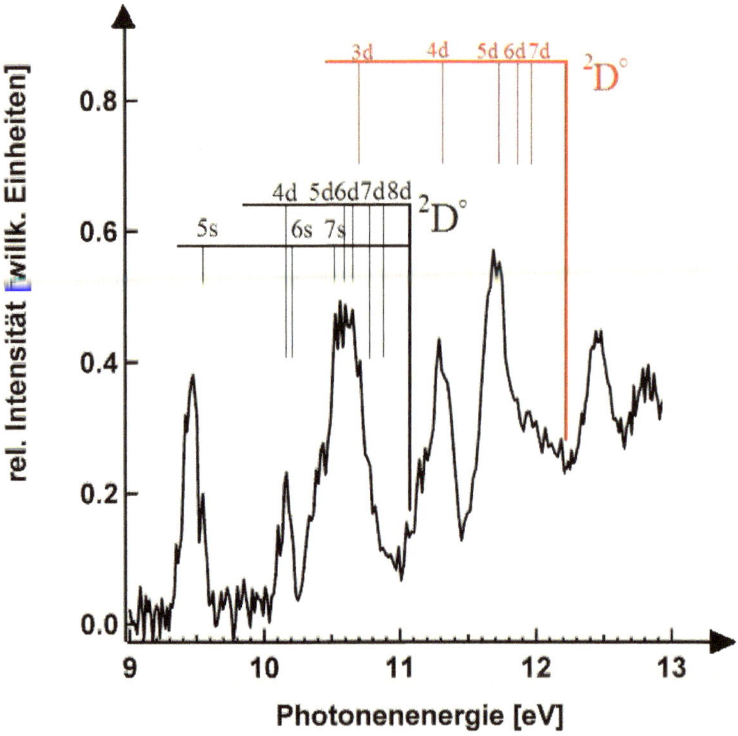


**Abbildung 26:** Zuordnung der Rydbergserien von S($^1$D), schwarz dargestellt, und S($^3$P) , rot dargestellt, zwischen 9-13 eV.

Die Resonanz bei 9.5 eV kann eindeutig einem Übergang des $S(^1D)$ zugeordnet werden, da sie unterhalb des Ionisierungspotentials von $S(^3P)$ auftritt. Im Vergleich zu früheren Messungen von Qi et al.[5] erscheint die Resonanz um 0.1 eV zu niedrigeren Energien verschoben, jedoch findet sich eine sehr gute Übereinstimmung mit der energetischen Lage des 5s-Rydbergzustandes.[55] Des Weiteren ist ein deutlicher Autoionisations-Übergang von $S(^1D)$ bei 10.17 eV zu beobachten, welcher von Douglas et al.[4] dem $S(3s^23p^3(^2D°)4d)$-Rydbergzustand zugeordnet wurde. Dieser konnte von Qi et al. wegen der relativ geringen Energieauflösung von 0.2 eV nicht gefunden werden. Ab einer Energie von 10.36 eV wird, wie bereits erwähnt, die Zuordnung durch das Einsetzen der direkten Photoionisation, sowie Autoionisationsresonanzen von $S(^3P)$ erschwert. Im Signal um 10.7 eV sind Beiträge von $S(^1D)$ sowie $S(^3P)$ zu erwarten.[5][53]

Die Rydbergzustände bestehen aus einem ionischen Rumpf und dem Rydberg-Elektron. Die im betrachteten Fall auftretenden ionischen Rumpfzustände sind $1s^22s^22p^63s^23p^3$ $(^4S^o)$, $1s^22s^22p^63s^23p^3$ $(^2D^o)$ und $1s^22s^22p^63s^23p^3$ $(^2P^o)$. Wie bereits erwähnt ist die direkte Photoionisation in das $^4S$-Kontinuum vom $S(^1D)$-Zustand verboten. Der Zustand $^2D^o$ ist die Konvergenzgrenze von Serien von Rydbergzuständen der angeregten Valenzelektronenkonfiguration $1s^22s^22p^3$, deren optische Anregung vom $S(^1D)$ aus teilweise erlaubt ist.

Unterhalb des $^2D$-Kontinuums existieren keine geeigneten Zustände, die einen Übergang in das $^4S$-Kontinuum unter Erhaltung der Spinauswahlregel $\Delta S = 0$ erlauben würden. Somit sind die beobachteten Autoionisations-Resonanzen unterhalb von 11.06 eV (Einsatz des $^2D$-Kontinuums für $S(^1D)$) spin-verboten, sind aber analog zu Messungen am isovalenzelektronischen Singulett-Sauerstoff $O(^1D)$[3], intensiver als die erlaubten Übergänge, die sich oberhalb von 11.06 eV anschließen. Hier sind geeignete Singulett-Kontinua zugänglich, die dann in das $^2D$-Kontinnum autoionisieren können.

Die begrenzte Auflösung des Vakuum-UV-Lichtes sowie die Überlagerung der resonanten Strukturen von $S(^1D)$ mit denen von $S(^3P)$ ab 10.3 eV erlaubt es nicht, die einzelnen Serien zu trennen, so dass sie als eine Serie erscheinen. Die höheren Terme der s- und d-Serien können ebenfalls nicht einzeln aufgelöst werden. Die Beschränkung auf freie s- und d-Elektronen folgt aus der Auswahlregel für Einelektronenanregung aus der $3p^4$-Konfiguration des atomaren Schwefels, nach der sich der Bahndrehimpuls des angeregten Elektrons um $\Delta l = \pm 1$ ändern muss. Es kann nach genauerer Untersuchung somit festgestellt werden, dass analog zum isovalenzelektronischen Singulett-Sauerstoff $O(^1D)$ eine effiziente Kopplung von optisch aus $S(^1D)$ angeregten Singulett-Rydberg-Zuständen an das $^4S$-Kontinnum auftritt. Des

Weiteren ist auffällig, dass trotz der relativ zum Sauerstoff-Atom gestiegenen Atomgröße und damit einhergehender Zunahme der Bedeutung von Spin-Bahn-Kopplungseffekten keine direkte Photoionisation vom $^1D$-Zustand des Schwefels in das $^4S$-Kontinuum beobachtet wird.

## 5.1 Zusammenfassung

In der vorliegenden Arbeit wurden Ergebnisse von Untersuchungen zur Photoionisation des $CS_2$, sowie des Grundzustandes S(3P) und des ersten elektronisch angeregten Zustandes atomaren Schwefels $S(^1D)$ vorgestellt. Die Anregungs-Nachweis-Experimente wurden mit Hilfe eines ArF-Excimer-Lasers bei einer Anregungswellenlänge von 193 nm und durchstimmbarer, gepulster Vakuum-UV-Strahlung aus einer laserproduzierten Plasmaquelle durchgeführt.

1. Es wurden unter Ein-Photon-Anregungsbedingugnen die Photoionenausbeutekurven von $CS_2^+$ und $S^+$ im Energiebereich von 9 bis 17.8 eV aufgenommen und mit Literaturwerten verglichen.
2. Die Photolyseprodukte von $CS_2$ bei einer Anregungswellenlänge von 193 nm wurden massenspektrometrisch nachgewiesen und an Hand von Autoionisations-Resonanzen wurde atomarer Schwefel in den elektronischen Zuständen $S(^3P)$ und $S(^1D)$ identifiziert.
3. Es konnte gezeigt werden, dass die Photoionisation und Autoionisation des $S(^1D)$ erwartungsgemäß nicht denselben Regeln unterliegt, wie die Photoionisations- und Autoionisationsprozesse des atomaren Schwefels im elektronischen Grundzustand. Insbesondere wurde gezeigt, dass das bei atomarem Singulett-Sauerstoff beobachtete Photoionisationsverbot in das erste ionische Kontinuum ($^4S$) auch vom atomaren Singulett-Schwefel ($^1D$) befolgt wird.
4. Die erwarteten Autoionisationsprozesse durch Ankopplung neutraler Singulett-Rydbergzustände an das $^4S$-Ionisationskontinuum wurden untersucht. Es konnten einzelne Rydberg-Resonanzen zugeordnet werden.
5. Im Bereich höherer Anregungsenergien (16-18 eV) wird eine breite und intensive Autoionisationsresonanz gefunden. Diese Resonanz enthält möglicherweise Beiträge aus der Innerevalenzanregung von 3s-Elektronen aus atomarem Singulett-Schwefel $S(^1D)$ und würde damit einer Autoionisation vom Coster-Kronig Typ in Analogie zu frühreren Ergebnissen an atomarem Singulett-Sauerstoff entsprechen.

# Danksagung

Diese Arbeit wurde im Arbeitskreis Prof. Dr. E. Rühl an der Freien Universität Berlin angefertigt. Allen Mitgliedern der Arbeitsgruppe danke ich für ihre stets sachkundige Hilfe. Mein besonderer Dank gilt:

Herrn Prof. Dr. E. Rühl für die Themenstellung, die stete Diskussionsbereitschaft sowie sein Interesse am Gelingen dieser Arbeit.

Herrn Dr. R. Flesch für hilfreiche Diskussionen.

Herrn Dipl.-Chem. Mathias Barthel für seine unermüdliche und uneingeschränkte Unterstützung, die freundschaftliche Zusammenarbeit und die vielen praktischen und theoretischen Ratschläge während der Durchführung der vorliegenden Arbeit.

Meiner Freundin Christina Milbrandt für den Halt den sie mir gegeben hat und ihren liebevollen Beistand über die gesamten 8 Wochen.

Meinen Eltern Kerstin und Reinhardt Meyer, sowohl für die finanzielle, als auch die so wertvolle moralische Unterstützung während meines gesamten bisherigen Studiums.

## 5.2 Literaturquellen


[1] J. Calvert, J. Pitts, *Photochemistry*, Wiley, New York, 1967.

[2] B. Finlayson-Pitts, J. Pitts, *Atmospheric chemistry*, Wiley, New York, 1986.

[3] R. Flesch, M. C. Schürmann, J. Plenge, H. Meiss, M. Hunnekuhl, and E. Rühl, *Autoionization and Photoionization of $O(^1D)$*, Phys. Rev. A, **62**, 52703, 2000.

[4] J. Huang, D. Xu, W. Jackson, *Measurement of the autoionization lifetime of the superexcited atomic sulfur $S(3s^2 3p^3 (^2D°)4d)$ state using tunable vacuum ultraviolet (VUV) radiation,* Can. J. Chem., **82**, 885, 2004.

[5] F. Qi, L. Sheng, M. Ahmed, *Exclusive production of excited-state sulphur $(^1D)$ atoms from 193 nm photolysis of thietane*, Chem. Phys. Lett., **357**, 204, 2002.

[6] A.Wirsing, *Photoionisationsmassenspektrometrie primärer Photolyseprodukte von Ozon,* Universität Würzburg, 2005.

[7] R. Flesch, M. C. Schürmann, M. Hunnekuhl, H. Meiss, J. Plenge and E. Rühl, *A pump-probe photoionization mass spectrometer utilizing tunable extreme ultraviolet laser-produced-plasma radiation,* Review of scientific instruments, **71**, 1319, 2000.

[8] P. W. Atkins, *Physikalische Chemie*, Wiley-VCH, Weinheim, 2001.

[9] M. C. Schürmann, *Photoionisationsmassenspektroskopie primärer Photolyseprodukte,* Dissertation, Osnabrück, 2001.

[10] H. Friedrich, *Theoretical Atomic Physics*, Springer, Berlin, 1991.

[11] W. Kutzelnigg, *Einführung in die theoretische Chemie*, **1**, Verlag Chemie, Weinheim, 1975.

[12] T. Mayer-Kuckuk, *Atomphysik*, Teubner, Stuttgart, 1985.

[13] G. Herzberg, *Molecular Spectra and Molecular Structure, III. Electronic Spectra and Electronic Structure of Polyatomic Molecules*, Krieger, Malabar, 1991.

[14] J. Kiefer, *Ultraviolette Strahlen*, Walter de Gruyter, Berlin, 1977.

[15] G. Herzberg, *Molecular Spectra and Molecular Structure, I. Spectra of diatomic Molecules*, Van Nostrand Reinhold, New York, 1967.

[16] J.M. Hollas, *Modern Spectroscopy*, Wiley, Chichester, 1987.

[17] J. H. D. Eland, *Photoelectron Spectroscopy*, Butterworths, London, 1984.

[17a] G. Wedler, *Lehrbuch der Physikalischen Chemie*, Verlag Chemie, Weinheim, 1982.

[18] H. Haken, H. Wolf, *Molekülphysik und Quantenchemie,* Springer, 1992.

[18a] S. Walz, *Laser-Neutralteilchen Massenspektrometrie*, Dissertation, Freiburg, 2003.

[19] M. Michel, *Prädissoziationsspektroskopie an HCl/DCl*, Dissertation, FU Berlin, 2003.

[20] G.V. Marr, *Photoionisation Processes in Gases*, Academic Press, New York, 1967.

[21] E. Serdaroglu, *Photoionisationsmassenspektrometrie angeregter Atome und metallischer π-Komplexe*, Diplomarbeit, Universität Würzburg, 2007.

[22] Lecture Notes of Prof. Gross to the Lectures *Physics 3*, 2, TU Munich, 2001.

[23] J. Plenge, *Primäre Photoprozesse atmosphärischer Spurengase*, Dissertation, Universität Osnabrück, 2002.

[24] Cowan, R. D.; *The Theory of Atomic Structure and Spectra,* University of California Press, Berkley, 1981.

[25] R. Flesch, M. C. Schürmann, M. Hunnekuhl, H. Meiss, J. Plenge und E. Rühl, *A pump-probe mass spectrometer utilizing tunable extreme ultraviolet laser-produced-plasma radiation, Rev. Sci. Instrum.*, **71**, 1319, 2000.

[27] G. Janzen, *Plasmatechnik: Grundlagen, Anwendungen und Diagnostik*, Hüthig Buch, Verlag, Heidelberg 1992.

[28] M. Beck, *Charakterisierung einer XUV-Laserplasmaquelle und ihre Anwendung in der NEXAFS-Spektroskopie an organischen Molekülen*, Dissertation, TU München, 2002.

[29] Raith, W.; *Bergmann-Schaefer; Lehrbuch der Experimentalphysik, Bd. 5.: Vielteilchen-Systeme,* Walter de Gruyter, Berlin, 1992.

[31] I.C.E. Turcu, J.B. Dance, *X-Rays from Laser Plasmas: Generation and Applications*, Wiley, Chichester, 1998.

[32] W. Demtröder, *Laser Spectroscopy* , Springer, Berlin, 1981.

[33] McPherson, *Vacuum-UV Normal Incidence and Seya-Namioka Spectrometers*, 2002.

[34] Lecture Notes of Prof. Dr. Rotard to the Lectures *Umweltanalytik*, TU Berlin, 2007.

[35] W. Wiley, I.H. McLaren, *Time of Flight mass spectrometer with improved resolution*, Rev. Sci. Instrum, 26, S. 1150, 1955.

[36] H. Haferkorn, *Lexikon der Optik*, Werner Dausien, Hanau, 1990.

[37] J.A.R. Samson, *Techniques of Vacuum Ultraviolet Spectroscopy*, Wiley & Sons, New York, 1967.

[38] Fischer, I.; Lochschmidt, A.; Strobel, *The non-resonant two-photon zero kinetic energy photoelectron spectrum of CS2*, Chem. Phys. Lett., **202**, 542, 1993

[39] Coppens, P.; Reynaert, J.C.; Drowart, J., *Mass spectrometric study of the photoionization of carbon disulphide*, J. Chem. Soc. Faraday Trans., **75**, 292, 1979.

[40] Cuthbert, J.; Farren, J.; PrahalladaRao, B.S.; Preece, E.R., *Sequential mass spectrometry. III. Ions and fragments from carbon dioxide and disulphide*, J. Phys. B, **1**, 62, 1968.

[41 ] K. von Gehlen, *Schwefel-Isotope und die Genese von Erzlagerstätten*, International Journal of Earth science, Springer Berlin, **55**, 1, 1966.

[43] M. Barthel, *Photoionisation von bromierten Verbindungen und angeregten Sauerstoffatomen mit kurzwelliger Plasmastrahlung,* Diplomarbeit, Universität Würzburg, 2005.

[44] E. Moltzen, E. Klabunde, *Carbon monosulfide: a review*, Chem. Rev., **88**, 391, 1988.

[45] F.Z. Chen and C.Y.R. Wu, *High, room, and low temperature photoabsorption cross sections of $CS_2$ in the 1800 - 2300 Å region*, Geophys. Res. Lett., **22**, 2131, 1995.

[46] Y. Hikosaka, K. Mitsuke, *Formation and Autoionization of a Dipole-Forbidden Superexcited State of CS2*, J. Phys. Chem. A, **105**, 8130, 2001.

[47] A. Ischenko, *Structural and Vibrational Kinetics by Stroboscopic Gas Electron Diffraction: The 193 nm Photodissociation of CS2,* J. Phys. Chem., **98**, 8673, 1994.

[48] A.E. Douglas, I. Zanon, *The 2100 Å Bands of $CS_2$*, Can. J. Phys., **42**, 627, 1964.

[49] R. J. Hemley, D. G. Leopold, J. L. Roebber, *The direct ultraviolet absorption spectrum of the $\Sigma \rightarrow B$ ($\Sigma$) transition of jet cooled CS*, V., *J. Chem. Phys.*, **79**, 5219, 1983.

[50] V.R. McCrary, R. Lu, D. Zakheim, J. Halpem, J. Russell and W. Jackson, *Coaxial measurement of the translational energy distribution of CS produced in the laser photolysis of CS2 in the 193 nm*, J. Chem. Phys. **83**, 3481, 1985.

[51] Waller, I. M.; Hepburn, *Photofragment Spectroscopy of CS2 at 193 nm: Direct Resolution of singlet and triplet channels*, J. W. J. Chem. Phys., **87**, 3261, 1987.

[52] G. Black, L. Jusinski, *branching ratio for S($^3$P) and S($^1$D) atom production in the photodissociation of $CS_2$ at 193 nm,* Chem. Phys. Lett., **124**, 90, 1986.

[53] S.T. Gibson, J.P. Greene, J. Berkowitz, *Photoionization of atomic sulphur,* J. Phys. B: At. Mol. Phys., **19**, 2825, 1986.

[54] S. T. Pratt, *Two-Photon spectroscopy of singlet autoionizing levels of atomic sulphur*, Physical Review A, **38**, 1270, 1988.

[55] http://physics.nist.gov/PhysRefData/ASD/lines_form.html

[56] http://www.atmosphere.mpg.de/spektrum_image3.php?subkat=Organic+Scompounds&kat= Sulfur+compounds&file=CS2_180-230nm_lin.JPG